U0215532

杨树栽培

Poplar Cultivation

吕士行 著

中国林业出版社
CFPH China Forestry Publishing House

图书在版编目(CIP)数据

杨树栽培 / 吕士行著. -- 北京 : 中国林业出版社, 2019.10
ISBN 978-7-5219-0091-0

Ⅰ. ①杨… Ⅱ. ①吕… Ⅲ. ①杨树－栽培技术 Ⅳ. ①S792.11

中国版本图书馆CIP数据核字(2019)第103050号

中国林业出版社 · 林业分社
策划、责任编辑： 于界芬 于晓文

出版发行 中国林业出版社
(100009 北京西城区德内大街刘海胡同 7 号)
网 址 http://www.forestry.gov.cn/lycb.html
电 话 (010) 83143542
印 刷 固安县京平诚乾印刷有限公司
版 次 2019 年 10 月第 1 版
印 次 2019 年 10 月第 1 次
开 本 710mm × 1000mm 1/16
印 张 8.25
字 数 150 千字
定 价 50.00 元

吕士行（1929 年 3 月—2014 年 11 月）

江苏无锡人，1954 年毕业于南京林学院，1960 年获苏联哈尔科夫农学院副博士学位，南京林业大学林学院教授。

长期从事森林培育学教学科研工作，在教学和科研方面取得了许多成果。他参加的国家重点科研课题“南方型杨树的引种推广”分别获国家科技进步一等奖、林业部科技进步二等奖、江苏省科技进步三等奖，主持完成的国家“七五”攻关课题“南方型杨树速生丰产技术”课题获林业部科技进步二等奖、国家科技进步三等奖，参与的林业部科研课题“杉木造林密度试验”获林业部二等奖。

结合教学科研的积累，撰写本科教材《造林学》（1981 年中国林业出版社出版）第 18 章、第 23 章内容，先后发表《杨树适生立地条件的选择》《杨树树冠结构与产量》《杨树抗盐性》《杉木造林密度硬度》《雪松造林》等论文 10 多篇。

1984 年被国家教委、国家科委、农业渔业部、林业部授予农业技术推广先进工作者称号，曾荣获国务院黄淮海平原农业开发优秀工作者、国家有突出贡献的中青年专家称号，享受国务院特殊津贴。

杨树栽培

Poplar Cultivation

序

我的《造林学》课程是吕士行老师上的，当时吕老师讲得很认真，我们学生听得也认真，课堂笔记做得也很好，我们基本上能把吕老师讲的内容一字不落地记下来。直到现在，他讲课的内容有些我都能背下来，同学们都说他的课讲得好，也都喜欢他的课，同学们都说他是一位好老师。

我本科毕业论文的指导老师就是吕老师，记得我和赵良平、刘刚、王正果等4个同学一起在江苏睢宁县做南方型杨树生长研究毕业论文调查时，吕老师整天和我们一起干体力活，和我们一起睡在四面漏风的小平房，中午和我们一起吃4分钱的豆芽汤和苞米饭，说实在的我们都舍不得他。作为他的学生，我们都十分敬畏他。

我的硕士研究生导师也是吕老师，我的研究论文是《南方型杨树密度效应规律的研究》，研究地点仍然在睢宁县的一个小林场，那时的条件仍然很差，吕老师仍然不时地到现场指导我的科研。实际上那一段时间我发表了不少有关南方型杨树的论文，如果当时没有吕老师在学业上的严格要求，没有他生活上的关照，没有他精神上的鼓舞，我想我在学术上也不会那么顺利。

我大学毕业时，吕老师提出要留我在当时的造林组工作，但系里把我放到当时竹类研究室，于是在那里工作了近4年的时间。为了解决我爱人工作调动，我在办理去当时南京林业学校工作手续时，偶遇

吕老师，当他得知我要去那工作时，他坚决不同意，一定让我到他手下工作，当天他就和黄宝龙老师等人商量，这样我就从竹类室调到造林组工作。后来他经常去人事处为我爱人的工作找领导反映情况，那时学校进人很难，两年后在吕老师的协调下，我爱人周吉林顺利调入南京林业大学来工作。人们都说吕老师是个大好人，我们都十分感激他。

吕老师对南方型杨树培育技术方面的研究颇深，意杨引种过程中出现的培育方面的几个难题都是他领导的团队突破的。我们对他的“三大一深”栽培模式印象很深，实际上他的一些研究成果对我们现在的杨树研究都有指导意义。我在当校长期间，受他思想的启发，也提出了南京林业大学“三大一深”工作思路，即“大楼大师大爱，深化改革”，我也是照着这个思路去努力工作的。

我是吕老师的学生，吕老师的研究生中我的年龄最大，我又在学校工作，又一直在领导岗位上，所以我的师兄弟都称我“老大”，吕老师和周师母也都把我当成他们家的一员，所以我们这个大家庭成员的感情都很深。

在吕老师生命的最后阶段，我经常去看他，聊得最多的就是他的《杨树栽培》和《造林学讲义》两本书稿。我答应帮助他整理出来，当时看得出来，他是很高兴的。

吕老师离世已经好几年了，这几年我们一直在酝酿出书的事。由于一直忙于行政上的事务，苦于没有时间。有一次偶遇成人教育学院梁礼才副院长，他也是吕老师的学生，我请他帮忙整理，他欣然接受。经过大家的努力，这本书终于出版问世，这是我们学校，我们森林培育学科，也是我们学生辈对吕老师的最好怀念和纪念。

要说的很多很多……

中国工程院院士 曹福亮

2019 年 4 月

前言

天然林实行禁伐之后，人工林的发展成了生产木材的主要途径。杨树是中纬度地区生长快、产量高、用途广的速生树种之一。虽然杨树木材比较松软，但它可以用作木材加工的原料，当前市场上制作胶合板、木工板、纤维板及造纸企业对杨木的需求很大。这就极大地促进了杨树造林的蓬勃发展，特别是近几年来，随着农业产业结构改革，相当多的农民把目标锁定在发展林业生产上，特别是对杨树造林情有独钟。杨树的栽培面积逐年扩大，从当前的杨树造林发展情况看，无论是栽培的面积或栽培的株数，堪称世界第一。但是杨树栽培技术以及利用水平比较低下，与世界杨树培育先进的国家相比，差距甚远，主要表现在各地选用的无性系比较混乱，未能做到根据气候条件的要求选用适合于本地的无性系；没有根据杨树对立地条件的要求选用适合于本地区土壤条件的无性系；用作造林的苗木质量不高；造林成活率时高时低；没有根据用材的要求，设置合理的造林密度；栽植及抚育管理粗放，不松土、不施肥、不灌溉、不修枝或过度修枝、病虫害防治不及时，所有上述不规范、不科学的造林、抚育管理措施，严重影响杨树的木材产量，也极大地降低了木材的质量，因而也影响到木材制品的质量，经济效益不甚理想。

本书是根据当前发展杨树造林中存在的问题，结合作者长期从事

造林工作中所经历的经验和教训，整理总结而成。本书更偏重于生产实际，不拘泥于过多的理论上的阐述，以供生产者参考。关于杨树病虫害及其防治问题，本人没有深入的研究，没有发言权，故请巨云为同志完成这部分的工作。同时，受篇幅、水平、时间等因素的限制，书中难免有不足之处，欢迎专家和读者对本书批评指正。

著者

目录

第一章　杨树的种类和分布

一、杨树的种类

杨柳科的杨属是一个复杂的多树种的混合，由于这些杨属树种容易杂交而更增加了它的复杂性。这种情况，一方面给人们选择利用提供了充分的余地；另一方面也增加了正确选择各地所适生的杨树树种或品种的困难。因此，对杨属树种及其杂交种的起源和分布、生长地的环境条件作些介绍和了解是十分重要的。

杨树属的种和杂种尽管复杂繁多，但根据前人大量的研究，已经非常明确。杨树新有种和无性系分属于六派(表 1-1)。

表 1-1　杨树亲树种派别种类

派名	种名	拉丁名
Ⅰ. 胡杨派(Turange Bge)	胡杨	*Populus euphratioca* Oliv
Ⅱ. 大叶杨派(Leuciodes Spach)	喜马拉雅杨	*P. ciliata* Wall
	湿地杨	*P. hereophylla* L.
	大叶杨	*P. lasiocarpa* Oliv.
	椅杨	*P. uilsonii* Schneid
Ⅲ. 白杨派(Leuce Duby)		
1. 白杨亚派(Subsenction Albidae)	银白杨	*P. alba*
	白杨	*P. moticola* Brand
	毛白杨	*P. tomentosa* Car.
2. 山杨亚派(Subsection Trepidae)	响叶杨	*P. adenopoda* Maxim
	山杨	*P. davidiana* Schneid
	大齿杨	*P. grandidemtata* Michx
	欧洲山杨	*P. tremula* L.
	日本山杨	*P. sieboldii*
	美洲山杨	*P. tremuloides* Michx

（续）

派名	种名	拉丁名
Ⅳ. 青杨派（Tacamahaca Spach）	狭叶杨 青杨 苦杨 辽杨 小叶杨 甜杨 滇杨 毛果杨 喜马拉雅香杨	*P. angustioia* James *P. cathayana* Rehd *P. laurifolia* Lebeb *P. maximowiczii* Henry *P. simonii* Cart. *P. suaveolens* Fisch. *P. yunnanesis* Dode *P. trichocarph* Torr & Gray *P. tristis* Fish
Ⅴ. 黑杨派（Aigeiros Duby）	美洲黑杨 弗氏黑杨 欧洲黑杨	*P. deltoides* Barthex Mavsh *P. fremontii* Wats *P. nigra* L.
Ⅵ. 墨西哥杨派 （Abaso Ecken *P. mexiaxna* Wesm）	墨西哥杨	*P. mexicana*

二、杨树的天然分布

(一) 胡杨派

胡杨派杨树仅 1 种，它主要分布于西亚、中亚以及中非和北非的肯尼亚、哈萨克斯坦、巴基斯坦、印度、摩洛哥、土耳其、叙利亚、伊拉克、伊朗及西班牙等国家。在我国的新疆、内蒙古、青海、甘肃和宁夏也有分布，特别是我国的新疆塔里木盆地分布最多。至今尚保存未受人为破坏的原始胡杨林。

胡杨为乔木树种，喜光、耐旱、耐盐、耐高温，是欧、亚、非三个大陆集中在地中海周围至我国西北部和蒙古国干旱、半干旱荒漠地带的重要树种。

(二) 大叶杨派

本派共有 4 个种，经济价值较低。其中，湿地杨分布在美国沿海平原东部，其他 3 个种均分布在亚洲；大叶杨和椅杨生长在中国的中部和西部；喜马拉雅杨分布于喜马拉雅山的下坡，与其他树种组成混交林，在本地区有一定的经济价值。

(三) 白杨派

白杨派是一个比较复杂而庞大的杨树种群，它可以分为白杨亚派和山杨亚派，该派的很多杨树都具有重要的经济价值。

1. 白杨亚派

该亚派比较有经济价值的杨树有白杨、毛白杨及银白杨。

(1)白杨。白杨的天然分布区为欧洲、北非，高加索及喜马拉雅山地等不同的立地条件上，白杨在大西洋至西藏都可遇到，分布北界至55°N，常见河谷地带，生长好的白杨可在本区的南部和东部见到。本种对土壤不苛求，可生长在酸性土壤上，也可在干旱的立地条件上生长，呈灌木状，该种最主要的两个变种为高干白杨(*P. alba* var. *bolleana*)和银白杨(*P. alba nireacwesm* Schneid)。两变种的分布与白杨相似。前者非常抗旱，后者对土壤的要求较严，银白杨在我国新疆有分布，有一定的经济价值。

(2)毛白杨以辽宁、华北、西北至长江流域、黄河中下游为分布中心，多生于平原、丘陵，可长成高40m、径1m多的大树，有重要的经济价值。

2. 山杨亚派

本派主要的杨树树种有响叶杨、山杨、大齿杨、日本山杨、欧洲山杨和美洲山杨。

(1)响叶杨。又称中国山杨，分布于中国秦岭、淮河流域以南地区，西至甘肃东南部、四川及云南中部。多生于山区，形成小片纯林，或与栎类等树种混生，可长成高30m的大树，木材可供建筑、器具、造纸等用途，有一定的经济价值。

(2)欧洲山杨。分布比较广，大部分欧洲国家都有分布，另外在非洲和亚洲北部也有分布。这是一个具有重要经济价值的种类，特别是在斯堪的纳维亚。

(3)美洲山杨。广泛分布在北美，横贯加拿大和阿拉斯加，生长好的美洲山杨可以在洛基山脉见到。这种杨树可以生长在各种土壤上，排水良好，地下水位在1.5m深的含石灰的壤土上生长最好。它是在采伐迹地或森林遭破坏的林地上的先锋树种，是纸浆造纸的原料。

(4)大齿杨。主要分布在我国的东北部、加拿大东南部和美国东北部，生长在排水良好的高地土壤。60年的大齿杨立木高度可达20m，胸径可达60cm。

(四)青杨派

青杨派杨树是杨属中树种最多的一个派，其中不少种都具有经济价值。在北美主要有香脂杨、黑杨和狭叶杨。在亚洲，特别是在中国分布着相当多的青杨派

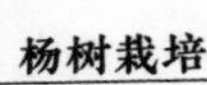

杨树种，其中比较重要的有小叶杨、辽杨、大青杨、青杨、滇杨。除此之外，还有青甘杨、康定杨、哈青杨、冬瓜杨、三脉杨、东北杨、玉泉杨、甜杨、兴安杨、香杨、黑龙江杨、二白杨、苦杨、柔毛杨、帕米杨、伊犁杨、密叶杨、梧桐杨、青毛杨、昌都杨、米林杨、德钦杨、乡城杨、缘毛杨、长叶杨、五瓣杨等。

(1) 香脂杨分布较广，主要分布在北美，横贯美国大陆北部，加拿大到阿拉斯加。它的最大特点：向外曲的芽具有香的琥珀色的树脂。生长在溪边、湖边和低湿等潮湿的土壤，但也能在干旱立地条件上生长。它是这些土地上的先锋树种，生长较快，有比较高的经济价值。

(2) 毛果杨与香脂杨极相似，主要分布在太平洋沿岸的各州，从南加利福尼亚到加拿大，亦生长在潮湿的低地，生长比较快，可长成大树，20 年生的植株高可达 30m，胸径 1 ~1.5m。

(3) 狭叶杨广泛分布于洛基山脉和大平原，经济价值较小，主要生长在洛基山的山麓盆地，有纯林。

(4) 辽杨是青杨派杨树在亚洲的个种，主要分布在中国的东北部和日本，所以也称日本青杨，本土辽杨生长较快，高可达 30m。

(5) 苦杨主要分布在东西伯利亚，在欧洲偶尔也有栽植。

(6) 喜马拉雅香杨起源于中亚，北美洲也有引种，是一种小乔木，可生长于美国和加拿大多种土壤。

(7) 小叶杨分布在我国的西北部、中部以及朝鲜，在欧洲也有栽植，为风景树种。在中国，小叶杨大多作为农田防护林栽植，生长比较慢。

(8) 滇杨或称云南杨，分布在地球最南端的青杨派杨树种，高大的乔木。主要分布于我国西南地区的四川、云南等省份。道路旁和四旁有大量栽培。滇杨在法国、新西兰也有栽植。

(9) 其他青杨派杨树。青杨派杨树还有很多种，在我国大部分分布在西部山区的溪沟、河谷两边或山地，由于当地树种较丰富，这些青杨派杨树都没有被大量栽培。

(五) 黑杨派

黑杨派杨树可分成美洲黑杨和欧洲黑杨。

(1) 美洲黑杨。美洲最主要的杨树种群，主要分布于加拿大的东南沿圣劳伦

斯河流两岸及美国的东南部及东北部，几乎在美国东部各州都有分布，特别几条河流两岸。例如，密西西比河及其支流沿岸广大的低湿平原还存在有不少原始林或原始次生林，根据其生态习性可以分成北方、中部和南方 3 个变种，这些杨树都能够长成大树，具有很高的经济价值。美国黑杨喜生长河边低湿的冲积土上，而在潮湿的淤泥或砂壤土生长最好。在开始的几年，每年平均高生长量可达 4m，有耐干旱的特性。

(2)欧洲黑杨。分布在欧洲的南部地区，天然林常与白杨、柳树及桉木混生。在亚洲也有分布。我国的新疆额尔齐斯河流域还可见到欧洲黑杨的原始林，欧洲黑杨也能长成大树，有一定经济价值。它的分枝极多，树冠较窄，因此有观赏绿化价值。

(六)墨西哥杨派

单一的杨树种。具线形的幼叶，淡黄色短粗的芽，包括 2 个品种。一种是墨西哥东海岸的当地品种；另一个是西海岸的当地品种，两者大多分布在河流两岸。

由上述可见，各种杨树的地理起源是不同的，即使不同的杨树种间、种内及派间杂交所得到的品种也是在各自的生态环境中选育出来的。这些杨树种和品种的分布在地理上是有规律的，这与气候条件的差异有较密切的关系。因此，它们只能在适宜它们生长的气候条件或者是气候相似的地区才能顺利生长发育，假如要把这些种或品种引种到别的地区，也只有在与原产地气候条件相似的地区才能很好地生长发育，在超出它生长发育适宜的生态适应区，则不会有好的生长。这是各地区在选取本地区适宜的杨树品种时应该遵循的原则。黑杨派南方无性系 I-69、I-63 和 I-72 杨在我国引种的成功，就是遵循了这个原则的结果。

第二章 杨树的生理生态学特性

杨树是中纬度地区分布比较广的速生阔叶树种，在这广阔的生态空间，既有广泛的适应性，能在多种多样的生态环境中生长发育，又有一定的选择性，只能在一定的生态幅度内生长，因此影响生长的各项生态因子既互相联系，又互相制约，综合影响杨树和林分的生长发育。同时，各项生态因子如光照、温度、水分、肥力、空气等又有其相对的独立性，对生态环境的变化起着各自的作用。深入了解杨树生长发育与各因子及其综合作用的关系，从而掌握其生态特性，控制、调节生态环境，对提高杨树林的生产力具有重要作用。

一、光 照

光是植物生长不可缺少的因素。光对植物的生态作用是由光照强度、日照长度和光谱成分的对比关系组成的，它们各有其空间和时间的变化规律。随着不同的地理条件和不同的时间而发生变化。由此可见，在地球表面上的分布是不均匀的，光的这些特点和变化，都会影响植物的生长发育及其产量。

杨树的光合作用强度很高。虽然不同的杨树种和品种之间在光合作用强度会有差别，但是它们都属于强喜光树种，要求充足的光照。任何上方和侧方蔽荫都会影响它的光合强度，影响它的生长和产量。根据 Rush(1959)的研究，杨树在光照强度低于一定数值的情况下，光合强度和蒸腾强度减弱，其生长和产量就降低。

光照强度对光合作用的影响十分复杂，由于各种不同因素而改变光强，影响光合作用。光的投射方向就是其中之一，在许多情况下，光从叶子表侧大体与叶子表面成直角投射，但是在自然条件下的叶子受光状态，与此种情况不同。对于

叶面，光多半呈斜向投射，不但腹面受光，而且背面也受到投射。杨树除内膛小枝上的叶外，其他各部位的叶基本上与地面相垂直。所以叶子的腹背都能受光，这可能是杨树光合产量高，生长量大的原因之一。

在自然条件下，杨树叶的受光强度不是恒定不变的。光可以因云层的变化而有所变化，也可以由于风速引起树冠、叶片等随风飘摇而引起光照强度变化，这些都会引起光合作用强度的变化。

某些年份由于阴雨天气多，也会影响杨树的光合产物的减少，而降低杨树的生长量。根据对湖南汉寿杨树生长的调查可以发现，在栽植第 4 年，无论是南方型杨树或北方起源的杨树无性系的高生长量都高于前 3 年。但按杨树高生长的规律，在正常情况下，栽后第 2、第 3 年杨树的高生长量都高于第 4 年。所以出现上述反常现象，这是由于第 4 年(1981 年)虽然年降水量并不少，但是在其生长期间即 4 ~9 月，阴雨天较少，光照比较充足，杨树的光合强度较高，因此其高生长也较大。

杨树的树体高大，枝多叶茂，处于树体各部位的叶子受光条件显然有很大的差异，见表 2-1。

表 2-1　各无性系(3 年生)不同树冠高度处的相对光照

无性系	I-69 杨			I-63 杨			I-72 杨	
密度	6m×6m	5m×5m	4m×4m	6m×6m	5m×5m	4m×4m	6m×6m	5m×5m
树高(m) \ 光照	100%	100%	100%	100%	100%	100%	100%	100%
8 ~ 10	—	—	35. 2	—	—	—	—	—
6 ~ 8	28. 3	27. 2	23. 1	23. 9	29. 0	23. 9	18. 5	31. 3
4 ~ 6	24. 4	14. 2	15. 2	22. 4	12. 3	30. 4	11. 4	19. 9
2 ~ 4	21. 7	9. 1	8. 7	11. 5	7. 1	18. 4	9. 4	11. 2
0 ~ 2	11. 9	4. 3	3. 2	11. 9	5. 4	16. 3	4. 3	3. 6

各类密度林分的立木树冠各部位的叶片接受光照的程度是显著不同的，树冠上部的光照强度明显大于树冠中下部，因此树冠各部位叶片的光合速率有很大的差异(表 2-2)。

表 2-2 I-214 杨树冠上下部叶片净光合速率随林分内光强的日变化

树冠部位／测定时间	树冠上部		树冠下部	
	照度（lx）	净光合速率［$mgCO_2$/（cm^2·h）］	照度（lx）	净光合速率［$mgCO_2$/（cm^2·h）］
6：00	42000	13.59	8800	4.66
10：00	73000	18.86	16200	13.29
14：00	47000	14.15	9400	3.88

杨树的分枝有长枝和短枝之分，长枝一般是主干上方生出来的侧枝或二侧枝，大部分处于树冠的外围，受光条件较好。短枝也就是内膛枝，不同杨树品种内膛枝的多少是不同的，欧美杨树冠比较茂密，小枝也较多，它的受光冬件比较差。I-63、I-69 美洲黑杨树冠较稀，短枝较少，但它的受光条件优于欧美杨的短枝。因此两类杨树短枝的光合速率是不同的，美洲黑杨的短枝光合速率大于欧美黑杨(表 2-3)。

表 2-3 杨树不同枝条各类型的净光合强度［$mgCO_2$/（cm^2·h）］

无性系	I-72/58		I-214		I-69/55		I-63/51	
枝条类型	长枝	短枝	长枝	短枝	长枝	短枝	长枝	短枝
光合强度	15.58	12.90	15.11	10.71	18.25	15.29	16.39	14.37

表 2-3 表明：①无论何种无性系，长枝的光合强度均比短枝高；②美洲黑杨无论是长枝或短枝，叶片的光合强度均比欧美杨高，而欧美黑杨 I-72 比 I-214 高，这是与它们的叶片受光强度的不同有关。

栽培密度对杨树群体光合作用量乃至对物质生产量有明显影响作用。因为栽培密度的增加和减少，首先影响到群体叶面积指数与受光态势，叶面积是直接进行光合作用的场所，在这种情况下，叶面积随着密度的增大而提高，直至叶片相互遮蔽相当严重时，便会妨碍太阳光投射到群体内层，群体的光合作用便受到抑制。同时会导致群体呼吸强度的增大，结果群体的物质生产量降低，这样对光合作用量和物质生产量两方面均具有效应的叶面积指数，便受到栽植密度的重大影响。此外，太阳光投射到群体内层的程度，也受到群体受光态势的显著影响，结果群体的光合作用量也发生变化，因此栽培密度和栽植方式从叶面积指数和群体

受光态势两方面均对光合作用和物质生产有所影响。

林分密度的增加，不论哪一种无性系，其光合速率均降低，但这种变化在两组密度较大的林分(如625株/hm^2和400株/hm^2)之间及两组密度较小的林分(278株/hm^2和204株/hm^2)之间，光合速率的差异不明显，但密度大的林分与密度小的林分间的差异较显著。这主要是由于两组较大密度林分之间和两组较小密度林分之间，郁闭情况相似。因此叶片受光态势相似。其光合速率必然近似，但较密和较稀林分之间，其郁闭度相差较大，叶子的受光态势相差较大，因此其光合速率的差异也明显(表2-4)。

表2-4　不同林分密度中各无性系净光合速率

林分密度(株/hm^2)	不同无性系净光合速率[$mgCO_2$/(cm^2·h)]			
	I-72	I-214	I-69	I-63
625	10.68±2.92	11.26±2.83	12.05±3.44	10.17±2.34
400	12.05±2.48	12.46±2.38	13.63±2.70	10.90±2.10
278	6.03±2.45	13.73±3.80	17.29±2.90	13.91±2.12
204	16.02±4.00	16.19±3.48	16.19±3.48	13.84±1.67

对杨树生长具重要生态作用的另一个光因子是日照长度，它对杨树的生长，特别是高生长有明显的影响。杨树即使在相当高的温度状况下，给予几天的短日照处理，在连续长出几片叶子之后，可以形成顶芽，叶子停止生长，而后逐渐萎黄脱落进入休眠。如果再给予长日照处理，则可以继续生长而不进入休眠。德国连斯泰德指出，很多树种，包括美洲黑杨，光周期是控制生长停止的主要因素。匈牙利林学家的研究认为，杨树在生长期间，至少要求有1400h的日照，因此属于长日照树种的杨树，在不同纬度地区的生长，尤其是高生长有明显的差异(表2-5和表2-6)。中国林业科学研究院李贻铨的调查，也得到相似的结果。

表2-5　相同林龄同一无性系在不同纬度地区的高生长

地点	纬度	日照时数(h)	各无性系的生长高度(m)				
			I-214	I-45	I-72/58	I-69/55	I-63/51
江苏睢宁	33°N	2538	14.5	15.2	16.80	16.94	16.90
湖南汉寿	28°N	1371	11.63	10.65	16.16	16.23	16.59

表 2-6　相同年龄的杨树各无性系在不同纬度地区的高、径生长

地点	纬度	日照时数(h)	I-214		I-72		I-63		I-69	
			高(m)	径(cm)	高(m)	径(cm)	高(m)	径(cm)	高(m)	径(cm)
广东林业科学研究所	23°N		14	19.9	14	24.7	13.5	29.2	13	18.1
广西柳州	24°40′N	1630	11	14.9	11.7	19.9	12.1	14.6	11.6	15.5
河南南阳	33°N	1865	16	21.7	18	24.7	17.9	24.3	17.8	23.7
山东兖州	35°5′N	2513	16.6	23.3	17.5	27.1	–	–	17.5	24

由表 2-5 至表 2-6 可以看到，北方起源的无性系，例如 I-214 及 I-45 杨，在表中所列不同纬度地区的高生长相差较大。3 个南方无性系在以上同纬度地区高生长虽也有差异，即纬度较高地区的杨树无性系高生长优于南方地区栽植的无性系，但两地的差异比较小。这就是说南方的无性系比北方的无性系有较高的适应短日照环境的能力。这是因为北方的品种要求临界日长较长，而越是南方的品种，要求临界的日长越短。由此我们可以推断，南方起源的杨树品种，有较大的可能向南方推广，而北方的品种，就不适应在南方低纬度地区推广。另外应该指出的是，南方型无性系，例如 I-63、I-69、I-72 以及其他南方型杨树，向低纬度地区推广的范围也是有限度的。从材料可以清楚地看到，林龄 6 年生的杨树无性系，从山东兖州（35.5°N）至河南南阳（33°N）到江苏的睢宁（33°N），直至湖南汉寿县（28°N）杨树的高生长是随纬度降低而渐减，但尚属于生长比较正常的范畴，可是再向南至广西柳州（24°40′N）以及广东林科所（23°N），这些杨树无性系的生长就不正常，显著低于上述纬度较高的地区。这种现象正如 Pauleg 和 Perry（1955）、Sylven（1940）和 Vaartaja 研究指出，杨树枝梢延伸和新叶生产期的品种差异是生长差异的主要原因。在美国南部，某些杨树杂种的不良生长，部分原因是其枝梢延伸期处短日照光周期条件下。由此可见，在 28°N 以南地区引种杨树要十分慎重，北方起源的无性系更不能引种栽植。

二、水　分

水分是对植物生长极其重要的生态因子。在植物体内，特别是叶内水分含量

对植物的光合作用有巨大的影响。一般来说，在绿色植物光合作用期间，作为生长基本原料的 CO_2 也是通过叶片气孔而被吸收的，如果光合作用期间必要的水分供应不足，则会导致光合作用下降，水分自植物体内向大气蒸腾。

Lemok 的研究指出，具高效能光合作用的植物，同样有一个通过蒸腾的高速失水现象，如前所述杨树的光合作用强度比较高，因此它的蒸腾强度也很大。Polster（1957）对杨树 13 个无性系的蒸腾强度的试验表明，杨树的蒸腾强度比欧洲其他树种都高，其蒸腾强度平均在 0.65～1.28g/(cm^2·h)；最高可达 1.07～2.38g/(cm^2·h)。根据我们 1980 年对美洲黑杨及欧美杨几个无性系的测定也得到相似的结果，I-72/58 杨的蒸腾强度高达 3.33g/(cm^2·h)；I-63/51 杨为 2.21g/(cm^2·h)；I-214 杨为 1.73g/(cm^2·h)。杨树的蒸腾系数也可以说明杨树的蒸腾强度很高，Buttaxa 的材料提到黑杨类形成 1kg 干物质要消耗 500mL 的水，而松树形成 1kg 干物质只需消耗 170mL 的水，水青冈需 350mL 的水。

杨树的蒸腾强度，不仅其平均蒸腾强度比其他树种高，Geurfer对欧洲 8 个树种(包括杨树)各月蒸腾强度的测定结果，指出杨树整个生长季节的各月份的蒸腾强度都高于其他 7 个树种(图 2-1)。

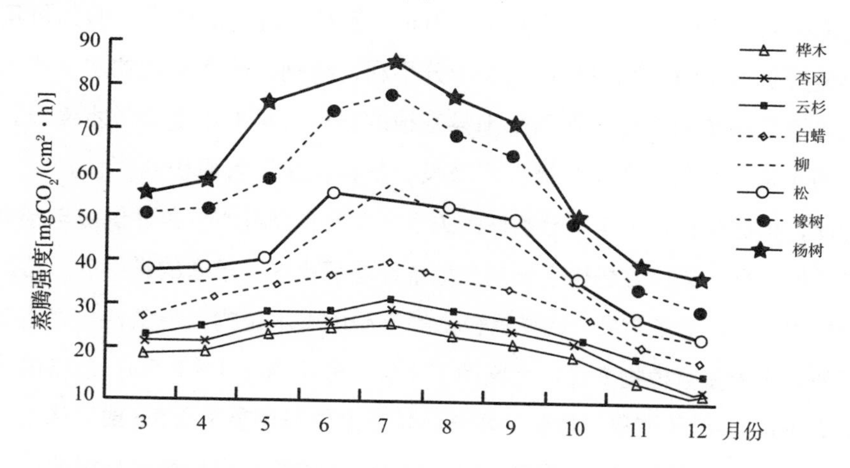

图 2-1 中生气候条件下 8 个欧洲树种一年内不同月份蒸腾速率的变化

Polster 还测定了蒸腾强度与杨树生长的关系，指出林木生产量最高的是蒸腾强度最高的无性系(表 2-7)。

表 2-7 生长期间杨树无性系的蒸腾强度与产量

项目	损失的水分(mm/hm^2)	产量(g)
蒸腾强度最大的无性系	577	154
蒸腾强度最弱的无性系	333	108
蒸腾强度中等的无性系	466	131

注：引自 Polster，产量指在一株树上的鲜重。

由此可见，杨树之所以生长迅速，与它具有较高的蒸腾强度是分不开的。反过来说，要使杨树有较大的干物质生产和积累，必须保证杨树整个生长期间有足够的水分。但必须清楚一点，杨树吸收水分，并不是土壤水分越多，吸收的水分越多。水分过多，蒸腾强度反而会降低，从而影响杨树的生长。

当然，杨树的耐水性还是相当强的。根据有关资料报道，杨树的耐水性与池杉不分上下，甚至比水杉还能耐水。从 1983 年湖南、湖北发生特大洪涝对杨树生长的影响情况看，只要杨树遭水淹未过顶，淹水 50 ~ 60 天，甚至 90 天，不致淹死。在水退后还有一定的生长量。湖南澧县 3 年生的杨树被大水淹了 90 天，杨树的高生长达 1m 左右，胸径生长达 3cm。但是，需指出的是，假如每年生长期内都遭受长期水淹，则对杨树生长十分不利，特别在静水形成的水涝比流动水形成的水涝危害更为严重。江西鄱阳县栽植的杨树，第 1 年遭受洪水淹没，水退后生长尚正常，但是第 2 年又遭大水淹没，杨树发生了大面积的死亡。

因此，根据杨树生长与水分条件的关系，以及自然界水分条件供应与杨树对水分的需求的关系，选择好杨树生长的立地条件是解决这一矛盾的最好的方法。为了保证杨树生长对水分的需要，选择具较低的流动地下水位的立地条件是最重要的途径，因为对于大多数植物来说，土壤地下水位一般不深于 1 ~ 1. 5m，疏松的沙土地不低于 2. 0m，可以长期稳定地供应水分，地下水位长期高于 0. 5m 或沼泽土壤，由于根系常处于缺乏氧气状态，阻碍了对杨树水分的供应，必然影响杨树的生长。

三、温　度

众所周知，植物的生理活动，生化反应必须在一定的温度条件下才能进行，在其能生存的温度范围内，随着温度的升高，生理生化反应加快，生长发育加

速；温度降低，生理生化反应变缓，生长发育迟缓，当温度低于或高于植物能忍受的温度时，生长停滞，发育受阻，植物开始受害，甚至死亡。

温度对植物的重要性还在于温度的变化能引起环境中其他因子的变化。例如土壤温度、肥力等的变化，而环境诸因子的变化都能影响植物的生长发育。

由于温度影响植物的生长发育，因而能制约植物的分布，杨树不同种或同一个种不同的品种的分布，都与温度有密切的关系。以美洲黑杨为例，它在美洲的分布可从30°~50°N，由于分布跨度很大，环境条件，特别温度的差异很大，这种变化的环境的影响直接冲击杨树的生理特性，而后在植物的形态上也出现差异，形成了4个地理变种：①棱枝杨(*Populus detfoids* var. *angulata*)，为美洲黑杨的南方变种，它要求较高的温度。②密苏里杨(*Populus detfoids* var. *missoriensis* Henry)，它对温度的要求稍低，分布在美国的中部。③念珠杨(*Populus detfoids* var. *monitefera* Henry)，对温度的要求更低，是美洲黑杨的北方变种。④沙氏杨(*Populus detfoids* var. *occudenfatis* Rydb)，分布在美国的西部，较耐寒和耐干旱。同一个变种不同的个体处于不同的环境条件，特别是不同的温度条件，形成了不同的无性系。哈佛杨(*Pupulus detfoids* ct. Harvard)即I-63杨，是从33°N的美国斯通维尔美洲黑杨种子中选育出来的，由于它原处于温度较高的美国南端引种到我国南方亚热带地区，生长较好，但随着纬度的变动，温度逐渐降低至37°N以北，就会发生严重冻害。而鲁克斯杨(*Populus detfoids* CuX)是从36°N的美洲黑杨采集的种子选育出来的，因此在37°N以北的山东中部，尚能生长，假如再往东北、内蒙古以及新疆等地区就会发生冻害，不能生长。

从杨树各无性系的物候来看，它们的一切生理活动都受到温度的影响。I-214杨、I-45杨、健杨等欧美杨，对温度的要求较低，它们的萌动发叶可以在温度较低的3月开始，而I-72、I-63等美洲黑杨南方型无性系的萌动发叶期为4月上旬(表2-8)。

表2-8　不同杨树无性系的物候与各地气候条件的关系

无性系	物候期	贵州贵阳	湖南沅江	江苏泗阳	山东单县
I-69	萌动期	3月15日	3月26日	3月28日	4月7日
	展叶期	3月30日	4月4日	4月3~10日	4月13日
	封顶期	10月15日	11月30日	9月15日	9月10日
	落叶期	11月中旬	12月上旬	11月下旬	11月上旬

（续）

无性系	物候期	贵州贵阳	湖南沅江	江苏泗阳	山东单县
I-72	萌动期	3月20日	3月28日	3月28日至4月4日	4月9日
	展叶期	4月5日	4月8日	4月4～22日	4月16日
	封顶期	9月15日	11月28日	9月10日	9月15日
	落叶期	11月中旬	12月上旬	11月下旬	11月下旬
I-63	萌动期	3月20日	3月28日	3月25日至4月13日	4月17日
	展叶期	4月10日	4月8日	4月4～24日	4月22日
	封顶期	10月1日	11月28日	9月30日	9月30日
	落叶期	11月下旬	12月5日	12月上旬	11月中旬
I-214	萌动期	3月5日	3月16日	3月10～19日	3月28日
	展叶期	3月15日	3月28日	3月25日至4月15日	4月8日
	封顶期	9月5日	10月5日	8月30日至9月5日	9月1日
	落叶期	11月下旬	11月下旬	11月下旬	10月下旬
I-45	萌动期	3月5日	3月2日	3月28日至4月2日	4月10日
	展叶期	3月15日	4月2日	4月3～26日	4月18日
	封顶期	9月5日	10月5日	8月10～15日	8月17日
	落叶期	11月下旬	11月下旬	10月下旬	10月下旬

从各无性系一年的生长过程来看，温度与杨树的生长关系密切(表2-9)，北方品种欧美杨I-214和I-45，由于它们对温度的要求较低，因此在温度较低的4月中旬就有较大的生长量。随着气温的增高，5月中旬和6月中旬，树高生长量达到最高。但在温度太高的7月和8月，这些无性系的高生长量却又降低。而南方型无性系I-69、I-63，它们起源于温度较高的地区，因此在4、5月温度尚低时，生长量不大，而在6、7月和8月，温度逐渐升高时，生长量增至最大，至9月温度渐低，高生长量也逐渐降低，特性近似南方型杨树的I-72杨，生长情况介于I-214杨与I-63、I-69杨之间，说明杨树无性系因起源地的温度不同，对当地的温度反应也不一样。

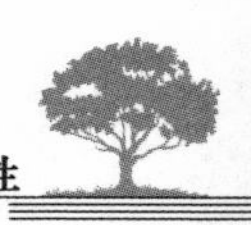

表 2-9 各月温度变化对杨树生长的影响

日期 / 无性系	高生长(cm)					
	4月15日(16.1℃)	5月15日(17.5℃)	6月15日(21.4℃)	7月15日(23.3℃)	8月15日(22.6℃)	9月15日(19.2℃)
I-214	10.5	30.0	53.4	19.6	15.0	2.0
I-72	5.7	9.6	28.4	28	57.3	3.4
I-69	7.0	13.0	35.3	61.1	62.35	51.3
I-63	8.0	9.0	24	44.7	66.0	43.2

四、土 壤

土壤是由固相(有机体和无机体)、液相(土壤水分)和气相(土壤空气)组成的三相系统。固相中的无机部分是由一系列大小不同的变化颗粒所组成。土壤的这些有机和无机成分的质和量有很大的差别。除上述有机和无机成分之外，各种土壤都有其特定的生物区系，这些生物有机体对土壤中有机物质的分解和转化以及元素的生物循环具有重要的作用，并能影响改变土壤化学性质和物理性质，构成土壤特有的生物作用。

土壤中的各种组成成分及它们之间的相互关系都影响着土壤性质和肥力，从而影响植物的生长。众所周知，植物的生长发育需要土壤不断地供给一定数量的水分、养料、温度和空气。土壤及时满足植物对水、肥、气、热要求的能力，即土壤的肥力，因此土壤对植物生长肥力的影响，不是单纯地指土壤拥有营养元素的多少，而是土壤的物理性、化学性和生物性的综合作用。植物的生长发育必须从土壤中吸取足够的水分和养分，但是植物能够从土壤中顺利吸收水分和养分能力及其数量还决定于土壤的下列因素：①土壤中存在的营养元素及其含量；②土壤中存在的水分含量；③土壤中必须要有一定的空气；④土壤中要有适宜的温度；⑤土壤要有一定的根系生长发育的土壤容积；⑥土壤中是否含有对植物生长发育有害的气体或物质。总之，要使土壤有较高的肥力，适合杨树生长，必须使土壤同时具有良好的物理性、化学性及生物性。

(一) 土壤的物理性

土壤的物理性质包括土壤质地、结构、容量、孔隙度等土壤特性。

1. 土壤质地

土壤质地是土壤矿物质颗粒组成的百分比。由于颗粒大小的不同，其性质就大不相同。砂粒质地松，缺乏黏着性，通气良好，水分容易流通，持水力低，毛细管吸附力较弱，对养分的吸收能力差。粉粒质地轻而小，呈粉末状，黏性稍大，透水性不大，毛细管吸附力较强，通气及排水性较差，持水力较大，对养分的吸收能力良好。黏粒，粒级小而轻，黏结性和团聚力很强，遇水膨胀容水量大，失水收缩，通气及排水性极差，保水力大，毛细管吸附力很强，对养分的吸收性很强且稳定。上述3种不同质地的土壤对杨树生长的影响作用绝然不同，例如在砂质土壤上，如江苏苏北黄河故道、泗阳的徐大泓以及山东等地的砂土地上生长的杨树，土壤肥力很低，保水蓄水能力差，杨树栽植初期2~3年内，由于造林时施加的栽植措施比较集约，生长尚可以。4~5年以后杨树生长基本停滞，如不灌溉、不施肥、不加强林业措施，无望生长成材。在砂质壤土上或轻黏土上生长的杨树比较理想，国内外大量的资料均表明，黏粒和粉砂二者比例呈1:1的砂壤土最适宜杨树的生长，在黏土或在非常板结的土壤上生长的杨树，因土壤不透水、不通气，影响根系的穿透力，生长极不正常。特别是对高生长影响最为明显。江西南昌郊区在板结、缺乏表土的红壤土丘上栽植的杨树，高生长每年仅几厘米，树冠呈圆卵形，不能成材。

2. 土壤结构

土壤结构与杨树生长的关系也很密切。土壤结构是指土壤固相颗粒排列形式孔隙度以及土壤团聚体的大小、多少及其稳定性程度，这些特性都能影响土壤中固、液、气三相的比例，并影响土壤供应水分、养分的能力，通气和热量状况，以及根系在土壤中的穿透情况。一般土壤结构可分成微团粒结构、块状结构、核状结构、柱状及片状结构等。团粒结构是土壤最良好的结构，具这种结构的土壤具泡水不散的水稳性特点，土壤能协调土壤中的水分、空气、养料之间的矛盾，改善土壤的理化性质。所以是土壤肥力较高的土壤，杨树在这样的土壤上生长最好。相反，在无结构或者结构不良的土壤，土体坚实，通气透水性差，土壤中微生物的活动受抑制，土壤肥力极差，不利于杨树根系的伸展和生长，因而地上部分的生长也就很差，这种情况可以在很多地方看到。

3. 土壤孔隙度

土壤孔隙度是土壤物理性的另一个重要特性。土壤孔隙度有大孔隙和小孔隙之分。大孔隙是土壤团聚体之间的孔隙，它是构成土壤通气状况的重要特征，而土壤团聚体之间的毛管孔隙称为小孔隙，对土壤的含水和保水有特别的作用。只有两种孔隙成适当比例，土壤既保水，又不滞水，渗水性和持水性达到最好。根据有关研究认为，理想的土壤的大小孔隙约各占一半，呈这样比例的土壤，对杨树生长最合适。

4. 土壤通气性

土壤通气性是指土壤孔隙与大气层之间的二氧化碳和氧气的交换，经植物根和微生物活性的呼吸作用，土壤产生 CO_2，消耗 O_2，因此土壤通气性就是指大气中的 O_2 与土壤气相中 CO_2 的交换。土壤通气性的程度影响土壤微生物的种类、数量和活动情况，并影响植物营养情况，在土壤通气不良的条件下，好气微生物的活动受抑制，这就降低了有机质的分解和养分的释放速度，供应植物的养分就减少。若土壤通气过分，则好气细菌和真菌活跃，有机质迅速分解并完全矿化。这样的结果，虽然供植物吸收利用的养分虽多，但由于养分释放太快，腐殖质形成较少，因此最好的土壤应具一定的通气性，使好氧兼气分解同时进行，既有利于腐殖质的形成，又使植物有效养分可不断利用。

5. 土壤温度

土壤温度与植物生长关系密切，土壤温度首先对根系的影响最大，它影响根系的生长，呼吸及吸收能力。根系的生长及矿物盐类和水分的上升决定于同化过程，地上部分的生长取决于根系对杨树地上部分有充足的水分矿物质，以及其他有机化合物的供应。根据 Teco 等(1963)的意见，土壤温度对蒸腾的影响比空气温度和湿度影响更大。土壤温度对根系生长的影响是很复杂的，它的生长强度不仅取决于温度，而且也取决于土壤湿度及茎的活性，而所有这些本身又是受光、空气、温度和湿度的影响。

土壤温度过高或过低都会影响根系的呼吸能力，土壤温度还制约着溶解速度、土壤气体的交换、水分蒸发、土壤微生物活动及土壤有机质的分解速度和养分的转化，从而影响土壤理化性质而间接影响杨树的生长。

(二)土壤的化学性

土壤的化学性质主要包括土壤酸度、土壤矿质营养及土壤有机质。

1. 土壤酸度

土壤酸度是土壤众多化学性质，特别是盐基状况的综合反映。它对土壤的肥力性质有深刻的影响，土壤中的氮、磷等营养元素的释放，微量元素的有效性，土壤保持养分的能力，土壤中有机质的合成和分解，土壤中微生物活动等都与土壤的酸度有关。

土壤酸度与植物营养的关系，主要是酸度影响矿质盐分的溶解度，从而影响土壤中养分的有效性。一般认为土壤的 pH 值在6 ~7 的微酸性条件下，土壤中的养分最有效，对植物生长最为有利。pH 值过低，酸度太高，则土壤中活性铁、铝过多，造成多种矿质元素缺乏，例如在福建、江西的很多地方，由于 pH 值低，土壤中缺少硼，杨树苗的新梢呈多枝状。

土壤酸度还影响土壤中微生物的活动，从而也影响到养分的有效性，阻碍杨树的生长。杨树对土壤 pH 值的适应范围较宽，一般在 pH 值 4. 5 ~8. 5 的土壤都能生长。但是以 pH 值 6 ~7 的土壤上生长较好，当然也发现土壤 pH 较高，例如 pH 值 7. 5 ~8、8. 0 ~8. 5 的土壤上杨树生长较好的事例，这可能是土壤的其他条件较优越，缓冲了 pH 值过高的危害程度。

2. 土壤有机质

土壤有机质是土壤的重要组成部分，土壤中有机质的存在与含量多少直接或间接影响到土壤的许多属性。土壤有机质是土壤肥力的主要物质基础之一，土壤有机质在提高土壤肥力方面起着重要的作用，凡是有机质含量高的土壤，对杨树生长是十分有利的。原因如下：

(1) 有机质是土壤养分的重要来源。在有机质分解时，可释放出氮、磷等养分。这两种元素对杨树的生长十分重要。根据刘寿坡(1992)的研究认为，加杨单株材积年平均生长量与 0 ~20cm 土层中有机质、速效氮、速效钾含量呈正相关。同时在有机质分解过程中产生的二氧化碳，可以供杨树光合作用的需要。

(2) 有机质可以改善土壤的物理性质，一般说腐殖质含量高的土壤，土壤结构性比较好，土壤中水分与空气的矛盾容易解决，土壤不会太板结，易于耕作。土壤腐殖质含量高时，土壤颜色也深，可以增加土壤吸热保暖能力。

(3) 有机质可以提高土壤保水、保肥能力。因为腐殖质为有机胶体，保水能力强的同时可吸收可溶性养分，避免养分流失，因此可逐步释放供植物吸收。

(4) 有机质是微生物的食料。土壤有机质丰富，温度水分适宜时，可以促进有益微生物的旺盛活动，提高土壤肥力。

3. 矿质元素

植物在生长发育过程中，需要不断地从土壤中吸取大量的无机元素。植物所需的这些元素都是植物生命活动以及正常发育必需的。其中，包括植物需求量比较大的大量元素及需求量比较小但不能缺少的微量元素。从历史上看，在我国的作物生产，特别是林业生产都是靠利用土壤中原有的植物养分。各种元素在植物体内的含量是极不相同的。随植物种类、器官和发育的时期不同以及环境条件的差异，植物体内的元素的组成和含量有较大的变动，例如杨树叶器官内的 N、P、K 元素随各季节变化，其浓度的变化是十分明显的，这些营养元素浓度的变化与杨树的光合作用强度密切相关。净光合速率与叶中 N、P、K 浓度的变化呈明显的平行趋势。

其他的营养元素及其在土壤中的含量在植物生长发育过程中起着不同的生理功能，缺乏或过多都会影响植物的生长。以微量元素硼为例，假如在土壤中缺乏硼元素，杨树茎的顶端生长受阻枯死，呈多枝状态，影响顶芽向上生长，根的伸长不良先端坏死，叶片增厚变脆、皱缩，出现坏死斑点。茎和叶柄的表面增厚和木栓化龟裂式水浸状，这种现象在江西鄱阳县苗圃、福建邵武苗圃、江西抚州苗圃等酸性较强的红壤土中都有发现，在湖北省潜江林业科学研究所的杨树试验林地也发现过。所以在生产实践中需了解各类土壤的营养元素的成分及其含量，以便采取必要的措施(例如施肥)，以调节土壤中缺乏的营养元素的含量，促进林木的正常生命活动及林木的生长。

4. 土壤含盐量

杨树不耐盐，根据多年来对杨树苗不同盐浓度的水培、不同含量土壤上扦插育苗试验，以及在不同含盐量土壤上的栽培观察，杨树只能在含盐量低于 0.2% 的土壤上生长，在高于含盐量 0.2% 的土壤上生长的杨树往往表现出顶梢无旺盛生长的现象，叶色黄绿，叶缘枯焦、卷曲，部分老叶脱落，树皮呈灰白色，根系生长发育不正常。从江苏大丰的大量栽培结果看，凡是在堤下栽植的杨树生长正常。在大田，特别是地势较低的大田(开沟排水、种植绿肥、翻耕等)栽植的杨树生长尚可。这些现象经测定都是与土壤的含盐量密切相关。

(三)土壤的生物性

土壤的生物性是土壤动植物和微生物活动所造成的一种生物化学和生物物理学特性，这个特性与植物营养有十分密切的关系。生活在土壤中的生物种类众多，它们在土壤营养物质转化中起着重要的作用，它们能使有机物质分解，释放出养分，促进林木生长。例如在江苏睢宁县张圩林场，对林地开沟，增施大量绿肥，这些植物残体经微生物直接参与，使土壤中的有机质矿质化和腐质化，释放出无机养分，供杨树吸收利用，杨树生长特别明显。

另外，腐殖质在土壤中有利于形成较大的稳定团聚体，有机质在黏粒含量较低的土壤中的作用显著。根据 Demoion 和 Henin(1932)的研究指出，对砂土形成稳定的团聚体来说，胶体有机质比黏粒更有效。

土壤中有机质加强了土壤微生物的活动，微生物没有有机质作为能源，对土壤团聚也无能为力。

(四)土壤水分

植物的生长虽然不直接受土壤水分含量与水分压力所控制，但是受植物内部水分平衡的控制，植物体内水分平衡是受植物吸收和蒸腾相对速率所制约。实践证明，各种树种叶子的蒸腾速率是随土壤水分的降低而显著降低的(Yousfatot，1945；Mandet，1945)，因此植物生长受土壤水分条件影响是很大的。

杨树具有蒸腾强度大的特性，这是它之所以速生的生理特性之一。在杨树生长期间，充足的土壤水分成为杨树良好生长的重要因素。土壤中的含水率比较高，则树高生长量就比较大；相反，若土壤含水率较低，则树高生长量就较小。而胸径生长量则略有不同，它的生长量大小往往要在后半个月才反映出来。例如5月1日以前半个月中，土壤含水率较高，0～20cm 土层为11.7%；20～40cm 土层为12.9%；40～60cm 土层为14%；60～80cm 土层为15.1%，这段时间内的高生长量为0.5m，胸径生长量在后半个月，即5月1～16日这段期间胸径生长量达0.9cm，而5月1～16日这半个月内土壤各层次的含水率相应为6.10%、10.75%、9.81%和4.21%，因而这段时期内的树高生长量仅为0.36m，5月16日至6月1日这期间，土壤含水率又有较大的增高，各土层的含水率相应为11.73%、10.69%、10.84%和10.01%，这期间高生长量有所增加，达0.44m，半月后胸径生长量达0.5cm。而后各月也基本上遵循上述规律。中国林业科学研究院刘寿坡作了同样的研究，得到相同的结论。

土壤含水率之所以这样明显地影响着杨树的生长，主要是影响到植物个体叶面积的变化。根据 Watson 研究的结论，认为叶面积的变动是决定产量差别的主要因素，而净同化率的变动是次要的，根据南京林业大学造林教研组的定点研究，土壤含水量的高低与叶量的增加确有密切关系(表2-10)。

表 2-10　土壤含水量与树高、胸径生长的关系(2 年生 I-63 杨为代表)

日期		5.1～5.16	5.1～6.1	6.1～6.16	6.1～7.1	7.1～7.16	7.1～8.1	8.1～8.16	8.1～9.1	9.1～9.1	9.1～10.1
各土壤层的含水率(%)	0～20cm	6.10	11.73	12.80	8.87	10.03	11.03	10.69	10.58	7.4	6.58
	20～40cm	10.75	10.69	11.70	11.50	9.36	10.06	10.84	10.00	9.76	11.13
	40～60cm	9.81	10.84	11.20	11.07	9.28	10.01	10.26	11.55	9.60	12.10
	60～30cm	4.21	10.01	11.02	10.02	8.92	9.73	19.5	9.3	8.30	11.69
叶量增加数(片)		394	581	141	329	98	202	245	233	–	–
高生长量(m)		0.36	0.44	0.06	0.44	0.27	0.43	0.50	0.67	–	–
胸径生长量(cm)		0.50	0.50	0.50	0.30	0.50	0.60	0.60	0.50	–	–

从表 2-10 可以看出，除个别情况外，几乎所有土壤含水率较高时期，叶量的增加也较多，立木的高生长较快，而直径的增长在半月后也比较明显。这可能是因为幼嫩的叶组织中叶绿素浓度较低，所以光合作用产物较少。待叶稍经老化成熟，叶绿素浓度增加，光合作用的能力得到增强，因此表现在半月后胸径生长量才有较多的增长。土壤水分绝大部分贮存在土壤孔隙中，假如土壤含水量过高必然导致土壤孔隙空气的减少或全部被排挤掉，土壤通气条件造成杨树根系和土壤生物缺氧，杨树根系机能衰退，不仅杨树不能吸收水分，严重缺氧，根系腐烂死亡，缺氧还影响营养物质的吸收，影响杨树生长。

由此可见，杨树对土壤水分的要求是比较高的，既不能缺水，又不能滞水，杨树只有在这样的土壤水分条件下才能良好生长。

第三章　杨树的生长

杨树是温带阔叶树生长较快的树种，这主要是由杨树自身在长期生长的历史发展中形成的遗传特性所决定的，同时也受很多外界因子所影响，如不同的种和无性系、立地条件的差异、气候的变化、苗木的质量、抚育管理措施强度、栽植的密度，以及病虫的危害程度等都会影响到杨树的生长。一般说杨树高生长量，可以从每年 1～5m，胸径生长量每年 1～8cm 的范围内波动，主要决定于各影响因子的强度以及林龄的变化。

一、杨树的高生长

(一)杨树高生长季节规律

无论是美洲黑杨、欧洲黑杨及欧洲美杨，它们的树高、胸径生长规律基本上是相似的。随着温度的升高，树高、胸径生长由慢渐渐加快。随后又随温度的降低而渐趋缓慢，直至停止生长。一般说，杨树在 3 月(南方)或 4 月(北方)萌动发叶，开始生长，因各种杨树的起源不同而有差异。北方起源的杨树，生长开始较早，而南方型杨树，由于它对温度的要求较高，因此开始生长的时间较迟。相同的杨树无性系在不同的气候区域，它们开始生长的日期也是不同的，在南方开始生长较早，结束生长的时间较迟，在北方开始生长时间较迟，结束生长的时间较早。

杨树在开始生长后的 3、4、5 月，高生长量尚不大。北方起源的杨树无性系(I-214、I-45、健杨等)在这段时间内高生长占全年高生长量的比例较南方起源的杨树稍高，大约为 20%，无论是南方型杨树或北方型杨树，从 6 月开始进入杨树高生长量的速生时期。特别是北方型杨树在 6、7、8 月的高生长量约占全年高生长量的 70%，而南方型杨树虽然也进入速生期，但这期间的生长量占全年高生长量的 65%～70%。8 月以后，北方型杨树的高生长急剧下降，生长量仅占总生长量的 3%，而南方型杨树，虽然其生长量也渐趋缓慢，但这期间的生长量还占到全年高生长量的 15% 左右，特别是 I-63 杨，高生长量仍占总生长量的 20%～27%，可见

其生长期较长，结束生长时间较迟。

杨树的高生长固然与其遗传特性有关，但是环境条件的影响也十分明显。由表 3-1 可见，降水量与温度，特别是降水量与杨树的高生长关系尤为密切。无论是北方型杨树或南方型杨树在雨量较高的 6 月，高生长达到最大值，7 月，降水量略下降，而温度却达到最高，杨树高生长明显降低。尤其北方起源的杨树，从 7 月起急剧下降，特别到 8、9 月，降水量和温度均降低，它们的高生长很快降至最小。但南方型杨树，在 7 月雨量有所减少，但温度较高的条件下，高生长量也明显降低。至 8 月，温度有所降低，降水量仍维持在 7 月的水平，高生长有一定的程度的增加，直至 9、10 月温度下降，降水量明显减少，高生长量才急剧下降。由此可见，南方型杨树对降水量和温度的要求比北方起源的杨树要严格。

杨树在开始生长后的 3、4、5 月，高生长量尚不大，北方无性系(I-214、I-45杨等)约占全年高生长总量的 28%，而南方型杨树的高生长量约占全年高生长总量的 20%，其中南方型欧美杨无性系 I-72/58 的高生长量大于美洲黑杨(I-69，20%；I-63/51，19.9%)。无论是南方无性系或北方无性杨树，从 6 月开始进入杨树高生长量的速生期，北方杨树的生长量达高生长总量的 65% 左右；南方型杨树生长量更高，约占总生长量的 70%。但是 8 月以后，北方杨树的高生长急剧下降，9、10、11 月的高生长量只占高生长总量的 0.4% ~5.2%，而南方型杨树在这 3 个月的生长量占到高生长总量的 11.8%，特别是 I-63 杨在这期间的高生长量占高生长总量的 16.7%，具体见表 3-1。

表 3-1　杨树高生长与温度及降水量的关系

月份	3	4	5	6	7	8	9	10	11	12
月降水量(mm)	154	175	173	235	166	162	50	84	–	–
温度(℃) / 无性系	10.7	16.9	21.0	25	29	27	23	18	–	–
I-214	–	8	16	77	68	43	7	0	–	–
I-45/51	–	5	13	110	48	40	10	0	–	–
I-72/58	–	2	28	98	80	82	16	7	–	–
I-69/55	–	8	38	80	45	91	42	1	–	–
I-63/51	–	13	26	95	65	93	41	9	–	–

(二)杨树高生长大周期规律

所谓大周期是指杨树从幼龄到老龄全过程的生长规律。通常情况下，杨树在

栽植的当年，由于苗木根系有一个恢复的过程，因此当年的高生长量是有限的，一般能长到1~2m是正常的。栽后第2年，高生长开始加快，此年高生长可达2~3m，栽后第3年杨树高生长最快，年生长量可达4~5m，4年生时仍保持高速生长的态势，一般年生长量可达3~4m。此后，随林龄的增加，高生长速度有所减弱，5~6年时，高生长量在2~3m之间；7~8年生时，每年高生长维持在2m左右，此后生长量逐年减低，以0.5m速度降低，直至10~15年杨树的生长基本结束，此时杨树的树高可达30~50m。

不同的杨树种或品种，它们的树高生长有一定的差别，这是由各种杨树的遗传性状所决定的。例如生长在江苏北部相同立地条件上的I-69杨高生长优于I-63杨，I-63杨又优于I-72杨。然而在南方湖南汉寿县I-63杨高生长则好于I-69杨和I-72杨。虽然生长量的差别不是很大，但反映了各无性系遗传性状方面的差别。其中I-63杨是美国南部的品种。

立地条件的差异是对杨树高生长差别最有影响力的因子。生长的土壤含水量过少或过多、地下水位过高、土壤深度过浅、土壤质地过于黏重、板结等土壤上的杨树比生长在优良立地条件(土壤疏松、深厚、湿润、肥沃)的杨树树高生长要相差1.5倍之多(表3-2)。这说明杨树对土壤条件优劣的反应是十分敏感的，因此在评定杨树生长的立地条件时，往往用杨树林分指数、年林分生长的高度作为标准，其理论根据就是建立在这个基础之上。

日照长度也是影响杨树高生长的重要因素，如前所述，杨树是长日照树种，根据调查，相同的无性系生长在不同的纬度地区，其树高生长是不同的，例如湖南汉寿县打地湖农场的南方型杨树尽管生长在肥沃、湿润、深厚的优良立地条件上，胸径生长量大于江苏泗阳的同林龄杨树，但它们的高度不及江苏泗阳的杨树，这是因为长日照条件可以增加一些温带落叶树种(包括杨树)持续生长的时间，推迟落叶树种秋季落叶的时间。

栽植后的抚育管理对杨树的生长也有明显的影响，因为一切科学的抚育管理措施，对林木增大叶面积有很大的作用，由于光合面积的增加，增加了光合产物，促进了杨树的生长。

表 3-2　各类立地条件上的生长的杨树应达到的高度

林龄	2				4			
立地等级	Ⅰ	Ⅱ	Ⅲ	Ⅳ	Ⅰ	Ⅱ	Ⅲ	Ⅳ
应达到的高度(m)	8.5～10	7.8～8.5	7～7.8	6～7	13～15	11.8～13	10.0～10.8	9～10
林龄	6				8			
立地等级	Ⅰ	Ⅱ	Ⅲ	Ⅳ	Ⅰ	Ⅱ	Ⅲ	Ⅳ
应达到的高度(m)	17.8～20	15～17.8	11.5～15.2	9～10	21.5～24.5	19～21.5	16.5～19	14～16.8
林龄	10				12			
立地等级	Ⅰ	Ⅱ	Ⅲ	Ⅳ	Ⅰ	Ⅱ	Ⅲ	Ⅳ
应达到的高度(m)	25～28.5	22～25	19～22	16～9	27～31	24～27	20.5～24	17～20.5
林龄	14				16			
立地等级	Ⅰ	Ⅱ	Ⅲ	Ⅳ	Ⅰ	Ⅱ	Ⅲ	Ⅳ
应达到的高度(m)	29～33	25.5～29	22～25.5	18～22	30.5～34.5	26.5～30.5	22～27	18～22

二、杨树的胸径生长

(一) 杨树的胸径生长季节规律

杨树胸径生长的季节规律性在北方与南方无性系之间有一些差别。首先北方起源的杨树的萌动展叶期比南方型杨树早，在3、4月的胸径生长虽略大于南方型杨树，胸径生长量占总生长的比例也较南方型杨树大。到5月，北方起源的杨树首先进入速生期阶段，并可延续到6、7月，此段时间胸径生长量占全年胸径生长量的70%左右。南方型杨树的胸径生长速生期从6月开始，经7月和8月，胸径生长量最大，占全年胸径生长量的60%～70%。无论是北方起源的杨树或是南方型杨树，胸径生长渐趋缓慢，特别是北方起源的杨树的生长量就更小，只占总胸径生长量的5%～6%，而且到10月，胸径生长基本停止。但是南方型无性系虽然到9、10月，其生长也渐趋缓慢，但它们的胸径生长量仍占到总生长量的15%左右，甚至在11月，还可以测到这些杨树仍然在继续生长的信息，只是其生长量已经很微小。

(二) 杨树的胸径生长大周期规律

栽植当年杨树胸径生长不大。大周期规律是从栽后第2年开始，由于新造幼林，其根系有一个恢复过程，当年叶量也比较少，所以第1年的胸径生长量不大，好的立地条件上胸径生长量可达4～6cm，在差的立地条件上达2～3cm。从栽后第 2 年开始进入了胸径生长的速生阶段，特别是第 3 年，年胸径生长量达最高值，达 5 ~6cm，甚至 7 ~8cm，个别年份个别无性系可达到 11cm。这个速生阶段可以延续至第 4、5 年，这期间年胸径生长量在 4 ~5cm。此后，胸径生长渐趋缓慢，6 ~8 年生胸径生长量只有 0. 5 ~ 1cm，这样的胸径生长速度可以维持至相当长的年份。这与所处的立地条件有密切关系，如立地条件差，胸径生长在6 ~ 10 年生时基本就停止，生长量很小。

杨树的胸径生长与栽植密度的关系最为密切，其生长量随栽植密度的增加而减少，例如在株行距(7m ×7m 或 10m ×10m) 的林分一般最初 4 年胸径生长可达 6 ~7cm。在株行距较小的林分(8m ×8m、6m ×6m、5m ×5m、4m ×4m)，最初几年胸径生长都在 5cm 左右，在较密林分(3m ×4m) 一般达 4cm 左右，然后都随林龄的增加而逐渐降低(图 3-1)，特别是较密林分降低最快。

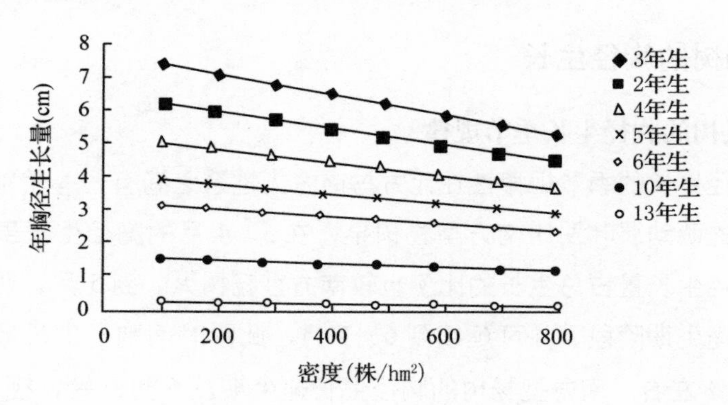

图 3-1　不同密度杨树胸径生长量随林龄的变化

立地条件的优劣对杨树的胸径生长的影响也十分显著，江苏省睢宁县林科所在二合土上生长的各类杨树的胸径生长的情况，完全可以证明这一点(表 3-3)。材料表明，在栽后第 1 年开始，就有较大的胸径生长量；第 2 年，各类杨树的胸径生长都达到最大值，此后随林龄的增加而逐渐降低，每年的胸径生长仍然相当高，而且持续的年限也较长。这说明优良的立地条件是杨树速生的重要条件。

表 3-3　江苏睢宁县林科所各种杨树在二合土上的年胸径生长量

品种名称	定植时(cm)	第 1 年(cm)	第 2 年(cm)	第 3 年(cm)	第 4 年(cm)	第 5 年(cm)	第 6 年(cm)	第 7 年(cm)	第 8 年(cm)
健杨	1. 27	3. 38	1039	15. 14	20. 29	25. 2	29. 38	32. 76	35. 9
I-214	2. 08	5. 06	13. 16	18. 73	21. 79	27. 19	28. 99	31. 29	35. 21
小意杨	0. 86	3. 1	10. 23	15. 15	19. 85	23. 5	25. 6	27. 8	29. 3
I-45/51	2. 05	4. 26	12. 5	19	23. 8	27. 3	29. 1	30. 7	33. 5
鲁克杨	—	3. 36	13. 65	17. 21	22. 01	25. 0	29. 5	31. 8	33. 9
I-63	—	5. 03	14. 48	20. 97	26. 4	29. 9	32. 3	37. 5	40. 73
I-69	1. 98	5. 53	13. 77	19. 64	24. 45	27. 9	30. 4	32. 8	35. 39
I-72	2. 15	6. 45	15. 87	22. 35	28. 08	32. 3	34. 2	41. 7	44. 9

三、杨树的材积生长

杨树的材积生长主要决定于杨树的树高和胸径的生长。幼年期的杨树茎干，虽然年胸径生长量比较大，但是它的材积增长却很低。随着杨树林龄的增加，年胸径生长量虽然逐年下降，但是它的蓄积量生长却逐年增加。例如株行距 3m × 3m 的林分，第 2 年胸径生长量为 1. 6cm，第 3 年至第 6 年胸径生长量分别为 2. 9、2. 4、2. 7、1. 9cm，第 4 年其材积的增长量为 $25m^3/hm^2$，第 5 年为 $70m^3/hm^2$，第 6 年为 $110cm^3/hm^2$，第 7 年为 $150cm^3/hm^2$，材积随林龄的增加而增加，但是蓄积量的生长与杨树所处的立地条件的关系极大。根据我们的测定立地指数为 22 的立地条件上与生长在立地指数为 16 的立地条件上的杨树材积生长量相差 2 ~ 3 倍(图 3-2)。

林分密度对杨树的材积生长有极大的影响。在一定密度范围内，林分的蓄积量生长总是呈现随密度增大，单位面积蓄积量越高的趋势。随着林分林龄的增加，单位面积上株数对单位面积产量的作用越来越小，而单株材积的作用却日益增大，至一定林龄，例如 10 ~ 12 年左右(表 3-4)，单株蓄积量在决定单位面积的产量将起决定性的作用。株行距较大的林分，蓄积量反而高。

由表 3-4 可见，每公顷 400 株的林分从 4 年生至 12 年生的蓄积量增长大于每公顷 250 株的林分，但至 13 年生时，后者的蓄积量却大于前者。

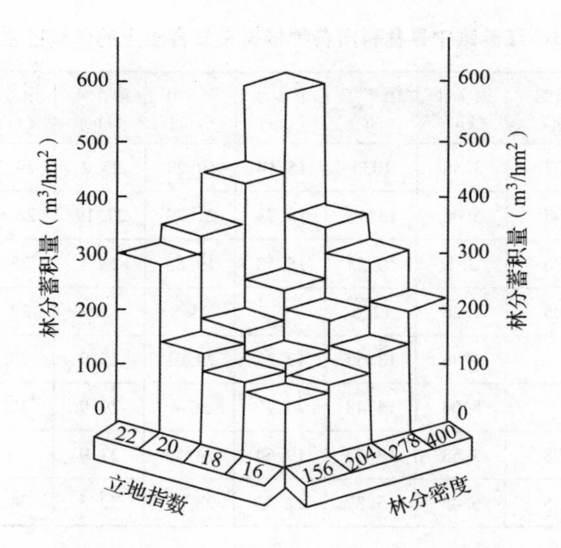

图 3-2　12 年生 I-69 杨林分密度、立地条件与产量的关系

表 3-4　不同密度林分的蓄积量随林龄的变化

林龄（年）	每公顷 400 株的材积（m^3）	每公顷 250 株的材积（m^3）	林龄（年）	每公顷 400 株的材积（m^3）	每公顷 250 株的材积（m^3）
4	55	40	15	385	429
5	74	57	16	418	481
6	95	77	17	450	532
7	118	100	18	480	582
8	144	128	19	509	630
9	173	159	20	537	676
10	205	194	21	563	720
11	240	235	22	587	762
12	277	285	23	609	802
13	314	328	24	630	840
14	350	398	25	650	870

四、杨树的根系生长

杨树的根系体积虽然只占到地上部分的 1/10～1/4，但它对树木地上部分的生长发育的影响极大。根系一旦受到干扰，则会影响主梢的生长。

杨树属于浅根系树种，为了使杨树能够比较快地生长，重要的措施之一是采用深栽的方法，促使杨树根系向较深土壤层发展，较多地占用土壤的容积，更多地吸收水分和养分，促进林木的快速生长。事实证明，深栽的杨树根系生长无论是深度和广度都比未深栽的杨树要好。

杨树的根系生长与地上部分的生长有密切关系。根系比地上茎干的生长要早，因为根系恢复生长的温度一般在5℃左右，而芽的扩大生长始于10℃左右。根系最大的生长量是在早夏。据统计，根系早夏日最大生长量可达5cm。到8月，特别是9月，根系生长开始减少，直至树叶凋落，根系停止生长。根据Ererswalde所作的根系生长实验的精确统计，杨树根系在夜间的生长大于白天，而且夜间的生长量比白天的生长量要大1~1.5倍。

杨树根系的生长与环境条件关系很大。土壤温度是影响根系生长最重要的因子，根系生长与土壤湿度有密切关系，这两个因子同时作用于根系生长，很难把它们的影响程度区别开来。土壤影响根系生长，首先表现在影响根系的活力，并影响地上部分的生长。因为茎的生长决定于根为茎提供充足的水分、矿质营养及其他有机质。干旱的土壤往往加速根系的木栓化和减少有效的吸收表面积，当土壤变得非常干旱的时候，部分根系可能死亡。地上部分的生长反过来影响到根系的生长，因为根系生长也需要地上部分供给营养物质。水分过多，特别是接触到移动比较慢的水分，土壤中含氧量很低，限制了根系的生长。只有在土壤地下水位较深、土壤结构比较好的土壤，杨树根系可深入到较深的层次，这对地上部分的生长极为有利。

杨树根系有较强的趋肥性。据观察，在施肥不均的林地上，土层中肥料积累的土块中，生长着密集的细根，在杨树与固氮树种相混交的林地和在伴生树种的行内土壤中，有很多杨树根系穿入其中。

粗根(>5cm)的结构可以看到，根系的生长与栽植密度有密切关系。根据不同密度9年生美洲黑杨林分的观察，林分(2m×2m)粗根的入土深度47~61cm，平均54cm，在4m×4m的林分则为78~91cm，平均95cm。它们的一次侧根数，每根立木分别为8、15和19根，而其粗度分别为3.4、4.2和4.8cm，其长度分别为4.0、4.8和5.9m。细根的生物量则以密度小的林分最大，并有随密度增加而减少的趋势。

不同种或不同无性系的杨树，它们的根系生长和形态、生态习性都有明显的区别，这与起源地的气候土壤条件不同有关。对过去我国推广发展的美洲黑杨南方型无性系及欧美杨无性系而言，它们的根系的生长、形态与生态习性有一定的

差别，这也是它们对所处环境长期适应的反映。

美洲黑杨 I-69 及 I-63 杨原生长在美国东南沿海雨量较多，土壤水分条件较丰富的地区，它们的根系都比较浅，大量分布于0 ~ 40cm 的土层。据统计，在砂土上生长的 3 年生 I-63 杨，共有根系 27 条，其中 18.5% 分布在 0 ~ 10cm 的土层，22.2% 分布在 10 ~ 20cm 的土层，22.2% 分布在 30 ~ 40cm 的土层，40cm 以下的土层仅占 37.1%。以根系的生物量来说，则 0 ~ 10cm 土层占总根系生物量的 35.2%，10 ~ 20cm 土层占 23.8%，30 ~ 40cm 土层占 12.6%，而 40cm 以下土层分别是 40 ~ 50cm 占 2.2%，50 ~ 60cm 土层占 3.4%，而 60 ~ 70cm 占 3.4%。

两个美洲黑杨从根系形态上看比较相似，根系的入土角度都比较小，几乎呈水平状态，平均入土角度为 21°左右，I-69 杨(平均 10° ~ 20°)。但两种杨树无性系的根幅均较大，向四周延伸可达 4 ~ 6m。从主侧根上产生的二次侧根较少，特别靠近主根周围，细根更少，细根量主要生长在侧根的末端，根系颜色呈淡黄色，韧性差，根脆而多汁，折之即断。

I-72 杨虽然属于欧美杨，但它的特性近似美洲黑杨，它的根系形态介于I-214 与美洲黑杨 I-63 杨、I-69 杨之间，具有比较发达的主根和侧根。据调查，3 年生的 I-72 杨有主侧根 39 条之多，居其他无性系之冠。在 0 ~ 40cm 的上层中的侧根入土角度为 20°，而下部侧根入土角度较小，平均为 50°左右。I-72 杨的根幅也较大，向四周伸延达 5 ~ 6m，主侧根上的细根也较小，但较 I-63 杨、I-69 杨稍多。I-72 杨根系颜色呈淡棕褐色，整个根系呈锚状。

I-214 杨属于欧美杨，适生的地区雨量一般较少，因此它的根系形态很明显表现出与上述环境相适应的特点，整个根系呈棕褐色，主根上的侧根主要分布在 0 ~ 40cm 的土层，占总根系数的 60%。就根系的生物量而言，主侧根占总根系生物量的 76%，所有的主侧根的粗度基本上是随土壤的深度而减少，各侧根的入土角度比较大，平均入土角度为 45°左右，因此整个骨干根系呈锚状。除此之外，主侧根上都着生比较密集的小侧根。同时，I-214 杨无论是大、小主侧根，或近主根，或远离主根的侧根上都着生密集的细根，但 I-214 杨的根幅较小。

从以上 4 种无性系根系形态可以看出，I-63 杨、I-69 杨根系较平展且较浅，I-72 杨、I-214 杨根系呈锚状稍深。可见，I-72、I-214杨两个无性系比较耐旱。

第四章　杨树的树冠结构和产量

树冠的几何形结构是某些树种产量的决定因素。Mathsui 指出，“树冠对木材生产有重要作用”。因为树冠结构的差异会影响地上部分器官的垂直分布和同化器官与非同化器官的立体分配，因而影响到各部位树叶截获光照的程度，对植株和全林的能量交换强度起着重要的作用。

不同杨树无性系的树冠结构主要取决于由遗传控制的分枝习性、分枝角度、叶的排列、叶的大小和方位等因素，同时也受到林龄和环境条件变化的影响。

一、杨树的树冠结构

(一)杨树的分枝习性

所谓分枝习性，即枝条在主干上的分布特点，这是各无性系杨树形成自己独特枝系的前提，是形成各无性系生产结构(树冠)的基础。根据多年来对几种杨树无性系 I-63/51、I-69/55 美洲黑杨和 I-72/58、I-214 欧美黑杨的观察和测定，它们的分枝习性有一个共同的趋势，即有一定的成层性。一般来说，在栽后的第一年，由于根系有一段时间恢复过程，在这一年内，它的顶梢生长量较小，一般仅 1 ~ 2m，而在这期间，苗期形成的侧芽的生长比较旺盛。内在的营养资源供应并不均匀地分配到所有的侧芽，而是把大部分的营养物质引向靠近顶端发育成长枝的侧芽，于是靠近顶端的几个侧芽便发育而形成第一轮大侧枝层。秋季，主梢继续生长，由于气候条件的不同，主梢生长往往出现两种情况：在南方，例如湖南等气候温暖地区，随着主梢生长的同时，在前半个生长期末形成的侧芽也得到较好的发育，又形成了一轮侧枝。而在北方，由于生长季节短，这一层侧枝基本上不能形成，或偶尔形成 1 ~ 2 根，最多 3 根较粗、较长的侧枝。第 2 年，根系

发育比较完整，顶梢的加长生长较快，在南方，I-63、I-69、I-72 杨三个无性系相继按上述规律形成第三、第四轮侧枝，枝层之间的距离较大。在北方，只是第2 年才形成第二轮大侧枝层，枝层之间的距离更长。

大侧枝层的枝条一般较粗长，其数量和各无性系之间有一定的差别，但一般为 4 ~6 根。其中，欧美杨 I-214 最多，且较细较短，I-72 杨稍多于美洲黑杨。而美洲黑杨 I-69 侧枝数量稍多于 I-63 杨，以 I- 63 杨最少。

应该指出的是，杨树各枝层的所有侧枝不是均匀地发育的，有些侧枝层的少数枝条会生长发育特别旺盛，形成特别粗大的侧枝，这是由于主轴向这些少数侧枝提供的营养物质和激素较多而获得生长发育较为有利的条件所造成的。这种现象在 I-72 杨特别明显，它往往形成竞争枝，会影响干形和材质，应及时加以控制，但在较密林分中这种现象不突出。上述各无性系各层的侧枝，除每层顶部几根(4 ~5 根)随着年龄的增长而加粗外，其余主干上由非顶端分生组织形成的侧枝会随着年龄的增长而逐渐脱落。

构成树冠骨架的另一部分是二次、三次侧枝的数量和分布。根据观察，各无性系之间也有一定的区别。以欧美杨 I-214 的二次、三次侧枝较多，并有较多的短枝，形成比较茂密的树冠。I-72 杨较美洲黑杨 I-69 杨和 I-63 杨略多，I-63 杨最少。而且 I-69、I-63 杨的二次、三次侧枝上基本上没有短枝，形成疏稀的树冠。

(二)分枝角度

枝角是主侧枝与主干的夹角。枝角的不同对各叶层的光照条件有很大的影响，对同一枝条上的各叶片的光照条件也有影响。根据对南方和北方地区上述杨树无性系枝角的测定结果(表 4-1)可以清楚地看到：①各无性系杨树的平均枝角呈下部枝条的枝角较大，上部的枝角最小。②各无性系之间，无论是上部的枝角，或下部的枝角，均以欧美杨 I-214 的枝角最小。I-72 次之，美洲黑杨 I-63、I-69两个无性系枝角较大。

杨树分枝角度的大小固然是每个无性系固有的特性，受其遗传特性的控制。但分枝角度往往也受外界环境条件变化的影响，首先是受到林分密度的影响。各无性系均有随密度的增加，其枝角趋小的趋势。上述无性系分枝角度之所以随林分密度变化而不同，这可能是由于密度小的林分，立木胸径生长较快，当树干直径增粗时，正在生长的主干向侧推开枝条基部，引起春季分枝角度的加宽。另外，密度小的林分的生长发育有较大的空间，其侧枝较长，因而它的重力作用也较大，这也促使其枝角的增大。相反，在密度较大的林分，胸径生长慢，枝条生长发育受到抑制，所以无论是侧枝的重力作用，还是树干增粗向侧的推力均较小，其枝角必然较小。这种不同无性系的枝角大小的差异、枝条长度的不同会影响到枝条上叶片的受光态势，因而影响其光合作用强度。

表 4-1　各无性系杨树的平均分枝角度(°)

高度(m) \ 无性系	I-63/51	I-69/55	I-72/53	I-214
0～2	81	89	75	51
2～4	76	74	73	54
4～6	68	55	55	–
6～8	45	45	–	–

(三)光合面积

组成树冠的另一重要部分是光合面积，这里主要指的是叶面积。这是光合性能与产量关系最密切，变化最大，同时也是最易控制的一个方面。许多增产措施，包括合理的密植和合理的肥水管理，之所以能显著地增加生产，主要是由于有效地扩大了光合面积。

光合面积与各无性系本身遗传特性密切相关，同时也受到林分密度的影响(表 4-2)。

表 4-2　各无性系(10 年生)平均单叶面积(cm^2)

株间距 / 树冠部位 / 无性系	4m×4m				4m×4m				4m×4m			
	上	中	下	平均	上	中	下	平均	上	中	下	平均
I-214	61.3	49.6	44.8	51.9	67.2	51.9	46.8	55.2	87.4	62.1	53.4	67.8
I-72	119.6	80.7	63.8	84.6	115.8	82.2	59.7	85.9	157.2	96.5	75.6	109.7
I-69	110.7	82.5	60.7	87.6	123.4	78.8	64.8	89.0	145.8	101.1	71.4	106.1
I-63	151.2	82.5	46.7	87.8	159.2	79.1	68.8	102.1	173.6	89.8	81.2	114.9

由表 4-2 材料可见，各无性系的平均单叶面积有很大的差异，以 I-63 杨的平均单叶面积最大，I-69 杨次之，I-72 杨居第三，I-214 最小。同时各无性系平均单叶面积均以面积最大，中部叶次之，下层叶片平均单叶面积最小。光合面积也受林分密度的影响，上述 4 个无性系，平均单叶面积均随密度的增加而减小，密度越大的林分，平均单叶面积越小，上述情况是受各林分中叶片受光条件所影响，这一规律在林分不同生长发育阶段同样存在。

单株叶面积与单株立木的生长有密切关系，从造林密度与林木生长关系研究中可以看到，林木的生长，特别是林木的胸径生长与林木的叶面积成正相关关系，即叶面积越大的立木，其胸径生长也越大。林木的叶面积生长与林分的密度密切相关，也与不同无性系有关。在造林初期，林木之间的相互关系不密切，立木各器官的生长主要决定于各无性系的遗传特性。从江苏省睢宁县林科所不同无性系造林密度的试验表明，在 3 年生时，各无性系在各类密度林分中立木之间的关系不甚密切，因此各无性系的单株叶面积均主要决定于无性系的不同，此时 I-69杨最大，I-63 杨次之，I-72 杨居第三，I-214 最小。

可是从 5 年生开始至 9 年生，由于各林分立木之间相继产生交接，各无性系的平均单株叶面积出现较大的变化，I-69 杨和 I-72 杨的单株叶面积比较相似，仍居首位，而 I-214 杨次之，I-63 杨叶面积却最小，这是因为 I-63 杨对光照的要求较高，由于林木间的关系已经互相有影响，因而其叶子生长受空间不足影响，而减少了叶量，致单株叶面积减少(表 4-3)。

表 4-3　各无性系平均单株叶面积的变化(m^2)

植距 \ 林龄(年) \ 无性系	I-63			I-69		
	3	5	9	3	5	9
4m ×4m	49.75	79.03	88.31	55.62	113.32	121.11
5m ×5m	69.87	94.24	120.21	87.62	134.06	157.19
6m ×6m	72.31	117.73	127.97	95.81	163.58	176.99
7m ×7m	–	145.68	160.04	–	176.38	201.88

（续）

植距 \ 林龄(年) \ 无性系	I-72			I-214		
	3	5	9	3	5	9
4m×4m	–	100.35	116.79	24.65	85.16	95.01
5m×5m	65.07	148.04	146.75	48.85	129.48	135.69
6m×6m	70.05	153.24	189.11	42.94	131.76	146.71
7m×7m	–	179.2	205.7	–	144.21	161.91

对于群体来说，对光合作用乃至对物质生产量有着显著影响的因子，就是群体的叶面积指数与受光态势。

一般来说，林分在栽植初期，栽植密度越大，叶面积指数越高，其叶面积增大速度也加快，且物质生产量也相对增加。群体内相对光照因栽植密度越大而越低。但是这种现象在栽植初期几乎不互相遮蔽，因此也不会限制叶片的光合作用的进行。随着植株群体的生长发育，叶面积指数提高(表4-4)，且叶面压指数增大速度也显著加快。但是随着叶面积指数进一步提高，叶与叶之间因其彼此相互遮蔽程度的增大，叶面积指数增大速度逐渐降低，如果叶面积指数再进一步显著增大，那么群体内相互遮蔽就要更严重，于是下层叶片处于光补偿点以下，结果出现下层叶片枯死。下层叶片的枯死如果超过新叶片的形成速度，那么叶面积指数的增大速度变为负值，物质生产量便相对减少。

表4-4 不同密度林分中各无性系叶面积指数的变化(m^2)

植距 \ 林龄(年) \ 无性系	I-63			I-69		
	3	5	9	3	5	9
4m×4m	3.11	4.9	5.4	3.4	6.1	7.5
5m×5m	2.41	3.8	4.8	2.7	5.4	6.3
6m×6m	1.93	3.1	3.5	2.1	4.5	4.9
7m×7m	–	2.9	3.4	–	3.6	4.1

（续）

植距 \ 林龄（年）\ 无性系	I-72			I-214		
	3	5	9	3	5	9
4m×4m	3.4	6.3	7.8	1.5	5.3	5.9
5m×5m	2.6	5.9	6.6	1.9	5.2	5.9
6m×6m	1.9	4.3	5.3	1.5	3.6	4.1
7m×7m	–	3.6	4.2	–	2.9	3.3

叶面积的垂直分布对林分的生长有很大关系。树冠最大叶量层的垂直分布格局是树冠结构对林分物质生产关系较大的因素，例如树冠最大叶量层均以树冠中部和下部最大，整个树冠呈尖塔形。整株林木上下叶层受光态势都比较好，都能进行正常的光合作用，生长较快。但随着林龄的增大，各密度林分最大叶量层的分布发生变化，密度较大的林分其最大叶量层首先上移至树冠中上部，这时最大叶量层下部的叶片受光条件逐渐恶化，整株立木有效叶面积减少，光合产物降低。在株行距较大的林分，最大叶量层上移的时间较迟，整株树冠叶片处于良好的光照条件，光合产物高，生长比较快。由此可见，如何保持林分中立木最理想的树冠，例如始终形成圆锥形树冠，使整个树冠叶片有效光合面积比较大，才能达到较高的产量水平。

（四）叶片的排列和叶角

叶片在枝条上的排列和叶角对各无性系利用光能极为重要，马克思经研究曾估算出一些杨树无性系光合作用产量的20%是叶面的倾角所造成，根据我们对上述杨树无性系的初步观察，杨树上部枝条，包括主干梢部上的叶片基本上呈有规律的四行排列。叶片几乎与地面相垂直，即叶角几乎成为0°。树冠中部和下部的侧枝上的叶片也呈四行排列，叶片往往大部分朝向外侧，与地面相垂直，叶角也小。只有树冠内短枝上的叶片，基本上是朝向光源，这种叶角较小，呈垂直方向排列方式，是强光下使之热负荷达到最小的一种手段，同时也是使叶子的光合器官在一天中多数时间里得到饱和光照的一种手段。正如 Krideamann 和 Smart 所说那样，它能很好地利用散射和直射两方面的光照。这也就是杨树生长快的重要原因之一。

二、杨树生长与树冠结构的关系

上述杨树各无性系在分枝习性、分枝角度和叶面积等树冠结构上的差异以及其随环境条件的变化对林木生长产生深刻的影响。

(一)树冠结构与高生长的关系

众所周知，树高生长主要取决于树种的遗传特性和所处的立地条件，它与影响树冠结构的林分密度关系不甚密切。就是说同一个无性系在相同的立地条件上，虽然因密度的不同而引起树冠结构的差异，但在没有达到引起本质变化的情况下(例如林分密度过大，平均单株叶面积过小)，各无性系在高度生长上的差异是不大的(表 4-5)。

相反，在幼林阶段，由于密度较大的林分较早达到叶面积较大的程度，因此在某种程度上形成了对林木生长较为有利的条件，密度较大林分的立木平均高反而有某种程度的增加，出现了平均单株叶面积较大的林分，其平均高较大的现象，甚至 5 年生仍然如此。

表 4-5　各无性系在不同密度林分中的平均高(m)

无性系 \ 林龄 \ 株距	6m ×6m		5m ×5m		4m ×4m	
	3 年生	5 年生	3 年生	5 年生	3 年生	5 年生
I-69/55	11. 5	18. 6	12. 3	18. 5	12. 9	19. 5
I-72/58	10. 34	17. 2	11. 10	17. 9	- 10. 08	18. 2
I-63/51	11. 10	18. 3	11. 80	17. 6	10. 60	18. 2
I-214	10. 30	14. 3	9. 6	15. 0	—	16. 93

(二)树冠结构与胸径生长的关系

树冠结构与胸径生长的关系最为密切，因为树冠结构的不同最根本的是影响立木的叶面积的大小、分布及这些叶面积的受光状态。也就是说主要影响它的有效叶面积的大小。随着栽植密度的增加而引起树冠结构变化的结果会导致单株叶面积或叶面积指数的降低，这必然对立木的胸径生长产生影响。根据对各类密度林分平均单株叶面积指数和平均单株胸径测算的结果可以看出，叶面积与单株平均胸径之间有密切的相关关系。

I-69/55　$y = 4.53089 - 2.4739x$　$r = 0.96146$

I-72/58　$y = 34.02475 - 2.7576x$　$r = 0.99$

I-63/51　$y = 6.50923 - 0.35144x$　$r = 0.509$

式中：x——胸径；

y——叶面积指数。

由密度不同而引起树冠结构的变化还会引起立木树冠层叶面积分布的差异，影响到立木不同区段的直径生长。密度小的林分，立木树冠上下各层叶面积主要受该无性系遗传特性所控制的生长发育规律影响。而密度大的林分，由于下部光照不足，枝叶的生长受到抑制，因而下部树冠层叶面积较小，而上、中部仍然有较充足的光照，树冠发育正常，几乎与较稀林分的树冠一样，因而表现出不同密度的林分立木的树干粗生长上下有较大的差异，密度大的林分立木树干上下差异较小，密度小的林分树干尖削度较大(图 4-1)。

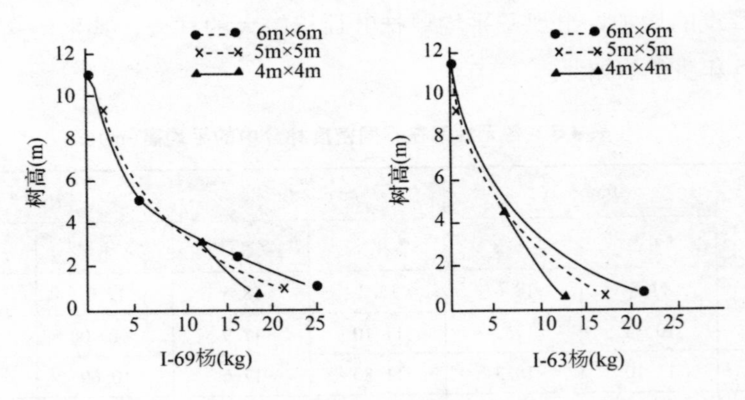

图 4-1　不同无性系在不同密度林分中树干的完满程度

(三) 树冠结构与产量

树冠生产力结构与树冠的形态、生理和环境条件密切相关。所有上述有关的几个方面都起到共同调节林冠中的叶片数量的作用，并决定着林冠光合作用能力。江苏睢宁县林科所杨树不同无性系密度试验林中立木的产量结构充分说明了这一点(图 4-2)。

从各无性系不同密度林分中立木树冠生产结构(图 4-2)可以看到：

(1) 单株生物量极明显地取决于各无性系的遗传特性及其所处的环境条件，

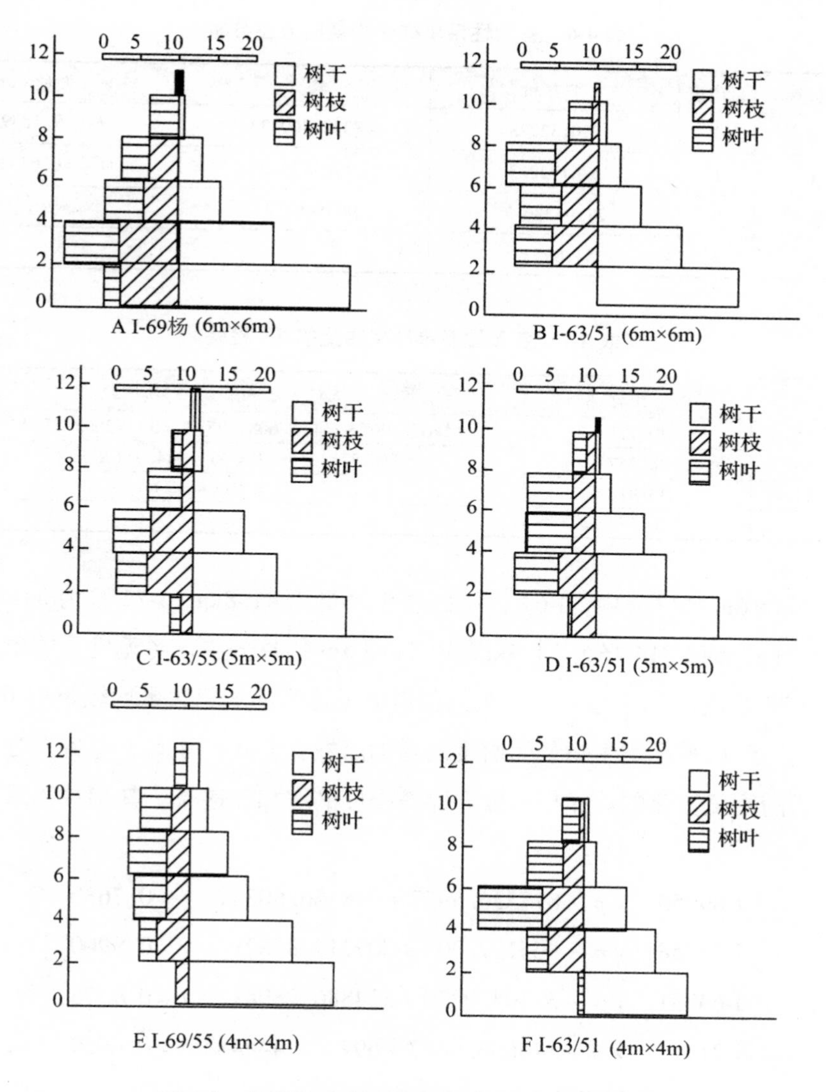

图 4-2 各无性系在不同密度林分中的生产结构

主要是林分密度。根据各无性系平均单株生物量的方差分析和 SR 检验(表 4-6 至表 4-7)结果可以看到，I-72/58 杨与 I-214 杨、I-69/55 杨与 I-214 杨之间存在着明显的差异，其他无性系之间的差异不显著。

表 4-6　各无性系单株生物量的方差分析

变异来源	自由度	平方和	均方	F 值
处理	3	250132228	83377409. 33	F_1 =9. 1639
区组	1	5761722. 3	5761722. 3	F_D =0. 6333
误差	3	27295386. 7	9098462. 23	
总变异	7	83189337		

表 4-7　各无性系单株生物量的 SR 检验

无性系	平均生物量(kg)	无性系之间的差异 SR 检验
I-69/55	40. 721	*14677. 96(K=4)　6087. 95(K=3)　2663. 55(K=2)
I-72/58	38. 257	*122144. 41(K=3)　344. 35(K=2)
I-63/51	33. 918	7870. 01(K=2)
I-214	26. 643	

在 6m×6m 的林分中，I-69 杨单株总生物量为 41. 8kg，I-72 杨为 34kg，I-63 杨为 34. 7kg，而 I-214 杨为 24. 3kg。在 5m×5m 的林分中，各无性系的单株生物量，除 I-72 杨超过 I-69 杨外，其余的仍遵循上述顺序。但数量均较 6m×6m 林分减少。同一无性系平均生物量随密度的增加而发生差异，基本上与各无性系叶量或叶面积随密度变化的规律相一致。即随密度的增加而递减。其相关关系是相当密切的。

I-69/55　$y=-877526.5957+948766.6034x$　$r=0.7630$

I-72/58　$y=-965177.305+709219.8582x$　$r=0.9900$

I-63/51　$y=-37794.0220+324886.2898x$　$r=0.9575$

I-214　$y=-346666.6667+694444.4444x$　$r=0.6969$

式中：x——叶面积指数；

y——地上部分总生物量(g)。

(2)枝生物量。林木都是通过枝条保持自己的生产结构，而枝条本身是生产物质的一部分。如上所述树冠结构除与树种特性有关外，受林分密度的影响是很大的。枝条的生物量，无论是哪个无性系都是随密度的增加而减少，而且各树冠层的枝量的分布也与密度密切相关，在大株行距的林分，枝量以树冠中下层为最多，随着密度的增加，枝在树冠层的分布发生了变化，都以树冠的中下层分布最

多，枝条生物量的这种变化非常明显，主要也是受叶量或叶面积所制约。

I-69/55 $y = -2178.1654 + 0.03039x$ $r = 0.8384$

I-72/58 $y = -1331.6648 + 0.02360x$ $r = 0.6930$

I-63/51 $y = -839.8770 + 0.01845x$ $r = 0.9244$

I-214 $y = -645.9049 + 0.02362x$ $r = 0.7982$

式中：x——平均单株叶面积（cm^2）；

y——枝生物量（g）。

（3）树干的生物量。日本学者三岛指出，树干的木材生产量与叶的生物量成正比。根据我们对黑杨派 I-69/55、I-63/51 和I-72/58三个南方无性系不同密度林分中标准木的计算，可以看到各无性系在任何一组密度林分中，它们的叶量和木材生产量之间关系十分密切。各密度林分中的叶量与木材产量此例关系是一致的。即

I-69/55 $Ps = 2.37 \pm 0.13W_1$

I-63/51 $Ps = 2.4 \pm 0.09\ W_1$

I-72/58 $Ps = 2.37 \pm 0.27W_1$

式中：Ps——树干的木材产量（kg）；

W_1——叶的生物量（kg）。

可见，不同密度林分中的单枝木材生产量都是随叶生物量的变化而变化的。

第五章　杨树造林

一、杨树造林适生无性系选择的生物学指标

选好各地区杨树适生无性系是杨树造林能否成功的关键问题之一。对于进行集约经营的杨树人工林而言，所选用的无性系要求的高产特性与常规林业所要求的特性不同，所选品种必须具备能充分利用集约栽培创造的适宜条件下的生物学特性。

（一）生长要迅速

用作集约栽培的无性系应该是生长迅速，产量高，这是栽培杨树的主要目的。当前，在世界各国，包括我国，杨树无性系之多无法统计，即使已经通过鉴定的杨树无性系也是极多。这些众多的无性系生长速度差异较大，另外在某地区生长表现很突出的无性系，在其他地区不一定生长很好。如 I-72/58 杨在我国的中纬度地区，生长非常快，特别是胸径生长更明显，然而在较北的暖温带地区，生长就不及某些欧美杨。因此选择杨树无性系时，要根据当地的气候条件，选择适合于本地区的速生无性系。

（二）对不同株行距的反应

杨树的树冠结构及其树冠密度与林分产量密切相关，树冠结构决定叶的展开、叶的分布和树冠密度，从而影响光的截留、叶温、水分的蒸腾，水分和养分的分配，最终决定着碳元素的积累和分配，决定林分的木材生产。而栽植密度是决定树冠结构最重要的因素，因此，不同无性系在不同的株行距的空间反应是绝然不同的。共生型杨树无性系能适应在株行距较小的林分中生长，而竞争型无性系要求较大的生长空间，因此不同类型的杨树无性系制约着单位土地面积上栽植

的株数，决定单位面积木材产量。对栽植距离反应不一的特性是杨树造林选择无性系的条件之一。

(三)对水分和养分管理工作的反应

杨树与其他植物一样，有耐肥性较高与耐肥性较低的品种区别，耐肥性较高的品种与耐肥性较低的品种相比，在多施氮肥的条件下，光合强度会提高。相反，呼吸作用提高较小。由于存在这种特性，单位土地面积上的光合作用量与呼吸量之比，即使是在多施肥的集约管理条件下，其降低也是不显著的，因此可以进行高效率的物质生产。

(四)萌芽能力要强

不同杨树品种的萌芽能力强弱是不同的。采伐之后，利用其萌芽更新的能力再次形成林分是十分重要的。这对节省造林成本、缩短生长周期、增加产量，特别是短轮伐期的造纸林具有很大的实用价值。

(五)抗病虫害的能力

杨树在生长过程中，没有或少发生病虫害的危害，对保证杨树顺利成长和今后木材的产量和质量至关重要。据研究，杨树的不同种或无性系对杨树的病害和虫害的抗性不一致。特别是目前，我国的杨树栽培往往是单一品种，选择抗病虫害的品种尤为重要。

(六)材质要好

所谓的材质要好就是生产的木材能适用于木材加工部门的要求，不同杨树品种的木材物理、化学性状的差别是相当大的，例如前阶段发展推广的I-69、I-63、I-72、I-214 四个杨树无性系，无论是在木材的密度、胶质纤维的含量、心材的缓冲容量、吸水率、纤维的长度、纤维的宽度等都有差别。因此，在制成的胶合板质量，几个杨树的品种是不一致的。据研究，以 I-69 杨最佳，I-63 杨次之，I-72 杨再次之，I-214 杨最差。所以选择无性系时，要根据加工产品的要求选择能适合这种产品生产要求的无性系，不能仅仅追求其生长速度而忽略其木材性状。

二、杨树造林无性系选择与气候

(一)气　候

杨树的种和品种繁多，一方面给各地区杨树造林时选择适生品种提供了条件；另一方面也容易引起生产单位发生混乱，特别是我国尚未建立杨树品种的登记制度；如果把本地适生的品种任意推广到该无性系不相适应的气候区域，致使生产单位错选了品种，导致杨树造林的失败或成效不高。因此在各地区杨树造林之前必须对引进的杨树品种进行生态特性的分析和了解，正确选择好本地区适生的杨树品种十分重要。这是杨树造林能否成功的又一关键问题。根据已有的材料表明，杨树有100多个种，而其自然和人工的杂交种或无性系更是繁多。但是如前所述它们都分属于胡杨派、白杨派、大叶杨派、青杨派和黑杨派。在这五大杨树派别中，目前真正具有生产价值的主要是白杨派、青杨派和黑杨派中的某些种以及它们之间的杂交种。尤其是黑杨派中的美洲杨、欧洲黑杨与美洲黑杨杂交种欧美杨最具有栽培价值。

由于上述五派杨树各个品种以及它们之间的杂交种，都是在各自适宜生长的环境中选育出来，并长期生存，深受各种环境的深刻影响，它们在生态习性上的差异十分显著，而且各无性系都有一定的生态适应范围，假如在生产实践中，不依据生态习性选择与之相适应的环境条件，则造林的成效不高，以致完全失败。

众所周知，不同的杨树种或无性系的分布首先是受气候条件的影响，其中特别是温度，它决定哪些空间范围适宜该种杨树种或品种的生存，要做到适地品种首要问题是要确定不同气候区能生长的杨树品种。

日本林学家吉良龙夫(1978)指出："温暖指数是判断适地适树，判断一个树种在某一地区能否成林的指标"。汇集各派杨树有代表性的种或无性系分布范围的温暖指数和寒冷指数范围相对照可清楚地看到，各省份可以用作杨树造林的无性系或杨树种是有很大区别的。

图5-1可显示，胡杨派的地理分布范围虽然很广，但在我国只分布在纬度高、气温较低的地区，根据计算即在温暖指数40～100℃的范围。而白杨派，除毛白杨和响叶杨要求的温暖指数较高(80～160℃)外，其他如银白杨和山杨等分布在温暖指数较低的地区，40～120℃之间；青杨派大致与白杨派相似，均分布在60～120℃的温暖指数范围之内；黑杨派中的欧洲黑杨分布范围较广，可以从温暖指数40～160℃的范围内生长。但它比较适宜生长的温暖指数为100℃以下，超过这个范围其生长不理想。美洲黑杨的品种很多，其北方种源(或变种)可以分布到加拿大魁北克省，中部变种分布在美国中部，而其南方变种可以分布到美

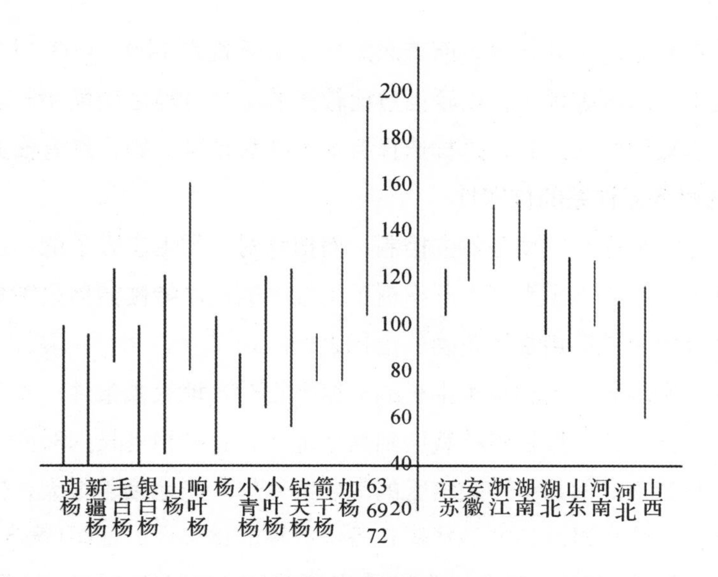

图 5-1　杨树各派有关品适生范围的温暖指数与有关省选择良种的关系

国南端的墨西哥湾。当前在我国南方大量推广的南方种源 I-63 杨和依利诺斯种源 I-69/55 对温度的要求较高，它们分布范围内的温暖指数 100～200℃之间。欧美杨杂交种分布范围内的温暖指数取决于亲本起源地的气候条件。某些杂种适应温暖的气候，某些则适应于较凉爽的气候条件。由图 5-1 可以看到，由于各省份所处的纬度、海拔等不同，各省份范围内最高和最低温暖指数有很大的差别，因此根据各种杨树品种对温暖指数要求与各省份的温暖指数相比较，就可以清楚地看到各省份应该选用的杨树品种。例如江苏省根据全省各地的气候资料计算，全省范围的温暖指数为 110～130℃之间，与这样的气候温暖指数相适应的杨树有美洲黑杨南方无性系 I-63、I-69、I-351，欧美杨 I-72/58、I-895、I-95；而 I-214、I-45/51 等欧美杨以及响叶杨、毛白杨、小叶杨等也可选用，但这些杨树更适应苏北地区。在温暖指数较高的苏南地区其生长就不如江苏北部。地处纬度比较低的湖南省，全省的温暖指数范围较高(140～160℃之间)，与之相适应的杨树无性系只能是美洲黑杨的南方无性系，以及特性近似南方无性系的 I-72/1388、I-895、I-95 等。而欧美杨 I-214、I-45/51 及其他欧美杨在本地区生长不良，应谨慎选用。山西省纬度、海拔较高，全省范围的温暖指数为 60～120℃，与之相适应的杨树应该是欧美杨。例如 I-45、I-214、健杨、I-107 杨等，白杨派的毛白杨、银

白杨等以及青杨派的小叶杨等。而美洲黑杨南方无性系 I-69、I-63、I-72/58 除在山西南部临汾、运城等地区，温暖指数比较高的小部分地区尚能生长。根据多年来各地生产实践的结果来看，这样选择各地无性系是可行的，是有根据的。

(二)杨树各无性系的抗寒性

植物的分布首先受气候条件的控制，而植物对气候生态因子的反应往往只有在极端条件下才能表现出来，为此杨树各无性系的抗寒特性如何是考察各无性系在某个具体气候区域选用是否正确的指标之一。

树木在一定地区开始和结束生长的节律是它对当地气候条件、季节变化长期适应的结果，当它们一旦被引种栽培到其他地区，它在相当长的时间内仍然保持原产地的生长特性。假如引种栽培区的气候条件与源产地相差很大，则不易成活或者生长不良，这可以从南方型杨树在各地引种的结果得到证明(表 5-1)。

从表 5-1 可见，这些南方型无性系当移栽至 43°34′N 的新疆(温暖指数为 33℃)，42°N 的沈阳和内蒙古乌达盟(温暖指数分别为 87. 9℃和 79. 3℃)，甚至在 39°50′N 的山西怀仁县(72℃)、39°17′N 的山西河曲县(87. 4)以及 37°5′N 的青海大通县(51℃)就发生冻害，特别是在 42°N 以北，不仅地上部分遭受严重冻害，而且其根部也遭受到严重冻害。冻害随纬度的降低而减轻，至 36°55′N 的山东邹平县，除在冬春特别寒冷的气候条件发生冻害外，一般情况不发生冻害，这说明这些南方型品种在这些地区已到了可以栽培区的北缘，欧美杨 I-45/51 及 107、I-214、健杨等在这些地区基本不会发生冻害，可以用来栽培。根据 J. Jekela 和 C. A. MOhm 的试验表明，起源于美国南部密西西比河流域(32°N)的美洲黑杨在不同纬度地区栽培试验的结果也证明了这点。

当然，植物发生冻害不仅决定于低温，而且与冬春期间的降水也有一定的关系。表 5-1 材料表明，上述发生严重冻害地区，在 10 月至翌年 3 月期间的降水量比较少。因此，在可栽培区的北缘，如冬季温度较低，降水很少，有可能会发生病害。在选择杨树品种时应加强造林措施。

(三) 杨树在不同气候的生长

植物的生长和同化、蒸腾等生理作用强度与温度之间存在着近似直线的曲线，即与温度成正相关。植物的生活为温度所决定。栽培杨树的主要目的是生产木材，所以要引种栽培本地区没有的杨树良种，就是为了能生产出本地更多更好

表 5-1　气候条件 6 个杨树无性系的冻害

地点	纬度	年平均温度（℃）	绝对最高温度（℃）	绝对最低温度（℃）	温暖指数（℃）	寒冷指数（℃）	年降水量（mm）	10 月至翌年 3 月（mm）	月降水量 4～9 月（mm）	各无性系的冻害程度					
										I-63/51	I-69/55	I-72/58	I-45/51	I-214	加龙杨
新疆八一农学院	43°34′N	2.0	30.5	-30.2	33.1	-65.9	572.7	90.6	482.1	++++	+++	+++	+	+	○
沈阳市园林处	41°46′N									++++	+++	+++		○	○
辽宁照乌达盟	42°10′N									++++	++	++	○	○	+
山西怀仁县	39°55′N									+++	+++	++	+	○	○
山西河曲县	39°20′N									+++	+++	++	○	○	○
青海大通县	37°05′N									++	++	++	○	○	○
山东邹平县	36°55′N									+	+	+	○	○	○

注：++++地上地下部分都遭严重冻害；+++地上部分严重冻害（地上部分全部枯死）；++地上部分冻害；+梢部稍有冻害；○无冻害。

的木材，而获得更高的经济效益。因此引种栽培的杨树新品种生长如何，也是考查这个杨树品种是否适合的一个指标。

从20世纪80年代大力推广的3个南方型杨树(I-69、I-63、I-72)在各地的生长情况看，由于它们的生态性要求温度较高，雨量比较丰富，它们的生长明显优于生长在温度低、雨量少的地区。以它适生气候范围而言，在温度较高、雨量丰富的湖南汉寿县栽培的结果就可以看到，当年栽植的I-63、I-69和I-72/58三个无性系的胸径生长到末期比江苏泗阳县的同龄I-63、I-69、I-72杨分别高43%、80%和59%。翌年，I-63、I-69、I-72杨的单株蓄积量分别比泗阳的I-62、I-69、I-72高226%、210%和214%。而欧美杨I-214、I-45杨和沙兰杨单株材积都比泗阳的同龄杨树低。而这些杨树(I-214、I-45)在江苏北部，山东、河南等地的生长接近I-63、I-69、I-72杨，甚至优于南方型杨树，这说明I-63、I-69、I-72杨树较适宜于温度较高、雨量较丰富的南温带、北亚热带的气候条件，而I-214、I-45、107和沙兰杨等欧美杨适合于温带。从欧洲各国栽培杨树的生长来看，无论是在法国、西班牙、意大利、匈牙利等杨树造林发展较早的国家，当前主要栽植的杨树基本上是以欧美杨无性系为主，而且每个国家都有自己选育出来的欧美杨主栽品种。美洲黑杨虽也有栽植，但其生长情况不如欧美杨无性系。事实证明，欧洲不少国家在年平均温度不低于9.5℃，生长期平均温度不低于16℃，7月平均温度大约在20℃气候条件，欧美杨的生产力最高。即使是属于欧美杨的南方无性系I-72/58，生长都不相同，如北方起源的欧美杨无性系。从各地杨树一年生苗木的生长情况也可证明这点。根据上述分析，我们认为目前下列品种可以在北亚热带，南温带温带杨树造林时选用(表5-2)。

(四)当前可采用的杨树无性系

1. I-214(欧美杨)

叶中脉与最下端二对侧脉的夹角<50°，叶基部呈截形、耳形，叶先端突尖，基部有腺点二枚，叶中部呈绿色，叶柄色肉色或微红色，叶柄长度与中脉长度之比0.51~0.55，茎有细小沟的棱角，未木质化茎光滑无毛，茎中部皮孔卵形，分布均匀。1年生茎的分枝数中等，分枝与茎的夹角46°~60°，叶芽长6~7mm，芽宽而渐尖，芽紧贴枝条，树脂黄色，在温带或暖温带比较适合。

表 5-2　各地区 1 年生苗木的生长情况

地点	纬度	年平均温度（℃）	年降水量（mm）	温暖指数（℃）	寒冷指数（℃）	I-63/51		I-69/55		I-72/58		I-45/51		I-214		加龙杨	
						高（m）	径（cm）	高（m）	径（cm）	高（m）	径（cm）	高（m）	径（cm）	高（m）	径（cm）	高（m）	径（cm）
新疆八一农学院	43°34′N	2.0	572.7	33.1	-65.9	2.61	-	3.15	-	2.33	-	2.84	-	3.06	-	2.50	-
辽宁铁岭	42°21′N	6.4	694.4	82.1	-65.6	2.35	2.55	2.62	2.05	1.69	1.75	1.90	1.90	2.08	1.55	2.73	1.00
辽宁锦县	41°40′N	8.9	583.1	91.0	-44.1	2.10	2.40	2.30	2.50	1.70	2.00	1.70	2.00	1.80	2.00	2.2	2.00
辽宁锦县	41°40′N	8.9	583.1	91.0	-44.1	2.65	2.57	2.04	1.60	2.77	2.69	2.39	2.15	2.18	1.80	2.14	1.47
辽宁盖县	40°10′N	8.9	700.4	90.2	-45.6	2.55	2.90	3.0	2.90	2.75	2.20	3.00	3.20	3.20	2.80	-	-
山西怀仁县	39°55′N	6.4	394.6	72.0	-55.5	1.34	1.40	-	-	1.06	1.30	0.90	1.20	1.25	1.60	2.27	2.10
山西河曲县	39°20′N	8.8	432.9	87.4	-42.3	2.12	2.2	3.02	2.05	1.86	2.40	1.42	1.80	2.14	1.20	2.70	1.40
山东高寿县	37°10′N	12.2	599.5	106.2	-22.6	2.50	3.0	3.0	4.00	2.50	3.00	3.00	4.00	2.0	2.50	1.70	1.50
青海大通县	37°51′N	5.5	371.7	51.2	-15.0	-	-	-	-	-	-	1.05	1.90	-	-	-	-
山东邹平县	36°55′N	14.2	672.2	124.8	-15.0	3.65	2.2	3.95	2.15	4.3	2.40	3.55	2.25	4.05	1.90	3.55	1.40
河南洛宁县	35°32′N	14.5	604.6	124.7	-10.4	2.71	1.97	3.03	2.05	2.21	1.68	2.46	2.16	1.67	1.80	2.17	1.29
河南开封县	34°46′N	14.0	622.0	120.5	-12.6	3.60	2.25	2.73	2.25	3.77	2.60	3.10	2.80	3.80	2.30	3.20	1.90
江苏大沙河	36°40′N	14.0	869.9	120.2	-12.3	2.65	1.5	3.15	1.65	2.80	1.70	2.90	1.50	2.0	1.00	2.00	1.90
山东太安县	36°10′N	12.8	-	-	-	-	-	3.48	3.0	3.22	2.80	2.54	2.60	3.52	3.10	2.39	2.50
陕西武功	34°18′N	12.9	666.8	108.2	-15.3	3.31	2.49	3.49	2.15	3.86	2.65	3.60	1.60	3.08	2.01	3.17	1.70
河南夏邑	34°15′N	13.9	707.8	119.9	-13.3	4.36	3.8	4.43	3.7	4.28	3.94	5.10	3.76	4.30	3.50	3.50	2.60
安徽宿县	33°39′N	14.3	904.6	123.2	-11.4	-	-	-	-	-	-	-	-	1.80	-	-	-
湖北武汉	30°38′N	16.3	-	-	-	4.55	3.1	4.59	3.96	4.69	3.1	-	-	4.19	3.20	-	-
江西九江	29°40′N	17.0	1396.8	134.6	-0.9	3.17	2.96	3.5	2.56	2.29	2.40	3.49	2.78	3.61	3.54	3.69	3.5
湖南汉寿	28°50′N	18.8	1372.8	21.9	-0.7	4.04	2.34	4.25	3.07	4.41	2.98	3.29	2.35	3.90	2.86	3.29	2.18

2. 45/51（欧美杨）

叶中脉与下端二侧脉的夹角60°~69°。叶基部呈心形，叶先端微渐尖，基部有腺点2枚，叶中脉绿色，叶柄颜色全绿，叶柄光滑无毛，叶柄与中脉长度之比为60%~65%。在暖温带和温带最适合栽培。

3. 107杨(欧美杨)

叶长16.5cm(15.3~19cm)，叶宽19.1cm(16.7~22cm)，叶宽>叶长，仅少数叶片长略小于宽(约10%)。叶的长宽比约1∶5。叶主脉与二侧脉的夹角60°~70°。叶基部呈波状心形，叶先端为圆而宽尖，叶基部有腺点2枚，叶主脉微红色，叶柄红色，叶柄光滑无毛，长度8.5cm(7.5~10cm)。叶柄长/主脉长之比1∶1.8。一年生枝条茎表面特性为圆柱形，未木质化茎光滑无毛。茎中部皮孔呈卵形，均匀分布，茎上芽较大而短，下部紧贴于干，主干上部棱形不明显。

4. 3244(欧美杨)

叶长19.9cm(16.8~23cm)，叶宽18.2cm(16~20cm)，叶的长度均大于叶的宽度1~2cm。叶的长宽比为1∶0.9，主脉与二侧脉的夹角80°~100°，但大部分为80°~90°。叶基部呈深心形，叶先端为宽渐尖，叶基部腺点2个，主脉淡红色，由基部至上部逐渐变淡。叶柄近基部淡红色，叶柄光滑无毛，叶柄长度10.6cm，叶柄长/主脉之比为1∶1.8，茎有棱，但无沟槽，茎光滑无毛。茎中部皮孔卵形，分布均匀，茎上芽小，不紧贴干，较尖。

5. NL-80303(69×63)美洲黑杨

叶长平均18.6cm（16~22.2cm)，叶宽平均18.5cm（15.9~22.8cm)，叶长与叶宽几乎相等，长宽比例为1∶1，叶主脉与二侧脉的夹角为84°(75°~89°)，叶基部呈深心形，叶先端呈细窄渐尖形，叶基部有腺点2个。主脉颜色基部微红，叶柄基部颜色微红。叶柄光滑无毛，叶柄长度11.1cm，叶柄长/主脉长1∶1.6，茎光滑无毛，茎有棱，但无沟槽。茎上皮孔卵形，分布均匀。1年生苗主干基本无小枝、芽小，紧贴主干，紧贴程度小于351°。

6. NL-80351(69×63)美洲黑杨

叶长平均19.3cm(18~20cm)，叶宽平均18.3cm(17~19cm)，叶长略大于叶宽约1cm。叶的长宽比为1∶0.9。叶基部为深心形。叶先端圆而宽尖。叶的主脉紫红色。叶柄浅紫红色。叶柄光滑无毛，叶柄长11.23cm，叶柄长/主脉之比

1:1.7。茎呈棱形，但无沟槽，未木质化的茎无毛。茎中部皮孔短线形，分布均匀。1年生茎干顶部分枝较多，茎与分枝的夹角60°，芽较小，紧贴主干。

7. 35(69×63)美洲黑杨

叶长平均19.2cm(17~22cm)，叶宽平均20.5cm(18.7~23cm)，大部分叶片的长度小于宽度，约占80%，只有少数叶长度大于宽度，叶缘呈波状。叶缘锯齿较细。叶的长宽比为1:1.07。主脉与二侧脉的夹角为80°~90°。叶基部呈深心形。先端为凸出的宽尖形。茎基部有腺点3~5个，主脉淡红色，叶柄也呈红色，叶柄光滑无毛，长9.8cm，叶柄长/主脉长之比为1:1.95。茎呈棱形无沟槽，木质化的茎无毛，皮孔卵形，分布均匀，一年生苗很少分枝，茎上冬芽小而尖，基部紧贴主干。

8. 895(69×45)欧美杨

叶长平均为22cm(19~24cm)，叶的宽度为19.6cm(18~22 cm)，叶的长度几乎都是大于叶宽度，叶的长宽比为1:0.8。主脉与二侧脉的夹角83°(80°~87°)。基部深心形，叶片比较大，先端呈细窄渐尖，基部腺点二枚，叶主脉基部微红。叶柄颜色靠基部呈红色，叶柄光滑无毛，叶柄长度10.9cm，叶柄长度与主脉长度之比为1:2.0。茎呈棱形，无明显沟槽。木质茎光滑无毛，皮孔呈卵形，分布均匀，一年生苗干基本不分枝，芽长而尖，不紧贴主干，芽稍微向内弯。

9. 95(69×45)欧美杨

叶长度平均为21.9cm(19~24cm)，叶的平均宽度为18.9cm，叶长大于叶宽1~2cm，叶长与叶宽之比为1:0.8。主脉与二侧脉的夹角91°(85°~98°)。叶基部深心形，先端圆而宽尖，叶主脉淡红色，叶柄近叶基为淡红色，叶柄光滑无毛。叶柄长度12.2cm，叶柄长/主脉长度之比1:1.8。茎呈棱形但无沟槽，未木质化茎光滑无毛，茎上皮孔呈卵形，分布均匀。一年生茎顶部基本不分枝，芽长而尖，不紧贴主干。

10. 1388(69×45)欧美杨

叶长平均为19.7cm(15~21cm)，叶宽平均为19cm(15~21cm)，叶的长度75%大于宽度。但仅长出1cm左右，叶长与叶宽之比为1:0.96。主脉与二侧脉的夹角90°，叶基部深心形，先端圆而宽尖，基部有2个腺点。叶脉下部淡红色，叶柄在近叶基部分微红。叶柄光滑无毛，叶柄长12.1cm，叶柄长/叶主脉长之比为1∶1.6。茎呈棱形，但无沟槽。未木质化茎光滑无毛，茎中部皮孔呈卵形，分布均匀，一年生茎基本不分枝，芽长而较大，不紧贴主干，尖端向内弯曲。

11. 447 (69×45)欧美杨

叶片长度为16.9cm(14～19cm)，叶宽度平均为17.9cm(16～19.5cm)，叶长与叶宽之比1∶1.06，叶长与叶宽相差不大，但大部分叶长小于宽。叶片主脉与二侧脉的夹角89°(85°～95°)。叶基部深心形，叶先端圆而宽尖，基部有腺点2个。主脉颜色基部红色，上部黄绿色，叶柄颜色紫红，叶柄基部粗糙、有皱折、无毛。叶柄长平均为12cm，叶柄长/叶主脉长之比为1∶1.4。茎呈棱形，无沟槽，未木质化茎光滑无毛，茎中部皮孔部分呈双棱形，分布均匀。一年生主干上部有分枝且较多，茎与分枝呈60°夹角。芽长而尖，向外，不贴主干。

三、杨树造林适生立地条件的选择

杨树与其他植物相同，它的分布首先受气候条件的制约，决定适合植物的生存和生长的空间范围，其次是土壤条件，它决定该植物的具体分布的位置。一个省(县)或一个地区范围内，尽管气候条件大致相似，但在其可生长的范围内其生长不具有同等活力，只有在其最适生态区，也就是说在最适气候区，最适土壤条件上，植物的生长最旺盛，产量最高。纵然杨树在所有的土壤都能生长，但它不能都生长成材，只有选择好各杨树无性系适生的土壤条件，才能充分发挥良种杨树生产潜力。

前面已谈过，影响杨树生长的立地条件因子很多，如何根据杨树对土壤条件的要求，找出各地区影响杨树生长的主导土壤因子，然后根据这些因子综合考虑区分杨树生长的立地类型是决定杨树生产过程中一系列林业措施的依据。大量实践证明，下列土壤因子必须认真考虑。

(一)土壤物理性状

前面已阐述土壤的物理性状对杨树的生长影响极大，在某些情况下，它对杨树生长的影响超过土壤肥力及其他因子。因为土壤的化学肥力和水分的有效性以及土壤通气性都受到土壤物理性状所制约。然而土壤物理性状的优劣取决于土壤的各种特性，例如土壤的厚度(特别是土壤有效层次的厚度)、土壤结构、土壤粒级组成、土壤孔隙度、天然和人为的黏盘(包括犁底)的存在与否及存在的土

壤深度。然而各地区影响土壤物理性状的土壤特性是很不一致的，应该根据各地的具体土壤情况加以考虑，但以下几点土壤特性必须特别注意。它们是对杨树生长有决定性的因子。

1. 土壤有效层次深度

所谓土壤有效层次是指根系能够或可能分布的土壤层次。这一层土壤的深度如何，对土壤的物理性状有决定性的意义。因为根系能够正常地生长发育的土壤层次，一般说来其结构不会太差，空隙度不会太低，质地不会太黏重，容重也不致过大，当然更不可能是黏盘。由此可见，土壤有效层次深度在影响土壤物理性状的诸因素中是首要的。因而对杨树生长的影响也最为突出。根据 James B. B.，Bakes 和 W. M. Bnoadfoot 的研究认为，土壤物理性状对杨树总生长量的作用可占35%，而其中土壤有效层次的深度又占土壤物理性状对杨树总生长量影响的30%，并认为杨树只有在根系层至少有 1m 深的土壤上才能生长良好。根据南京林业大学多年来的研究，完全可以清楚地看到土壤有效层次的深度对杨树生长的重大作用(表 5-3)。

表 5-3　土壤有效层次深度对杨树生长的影响

地点	土壤有效深度(cm)	无性系	生长情况	
			树高生长(cm)	胸径生长(cm)
泗阳县林苗圃	70～100	I-72/58	12.17	21.53
		I-63/51	13.00	19.50
		I-69/55	13.90	19.48
南通地区农业科学研究所	70～100	I-72/58	14.00	20.94
		I-63/51	16.10	21.20
		I-69/55	15.60	19.04
仪征县鱼种场	50～90	I-72/58		20.03
		I-63/51		17.70
		I-69/55		18.30
泗阳县林柴场	70～80	I-72/58	11.68	19.80
		I-63/51		
		I-69/55		18.10

（续）

地点	土壤有效深度（cm）	无性系	生长情况	
			树高生长（cm）	胸径生长（cm）
南京林业大学	40～50	I-72/58	11. 77	18. 10
		I-63/51		
		I-69/55	11. 63	14. 76
泗阳县黄埝乡西沙大队	40～50	I-72/58	11. 90	18. 50
		I-63/51		
		I-69/55	11. 40	14. 50
武进县雪埝桥林场	20	I-72/58		13. 52
		I-63/51		
		I-69/55	10. 03	13. 20

表 5-3 表明，尽管以仪征县鱼种场、南京林业大学和武进县雪埝桥林场的气候条件而论，对 I-63、I-69 和 I-72 杨三个无性系的生长比苏北泗阳县、南通地区农业科学研究所更为有利，但由于仪征县鱼种场、南京林业大学及雪埝桥林场的土壤有效层次不及泗阳林苗圃和南通农业科学研究所，因此 I-63、I-69 和 I-72 杨三个无性系的生长远不如泗阳林阳林苗圃和南通。若以相同气候条件下的泗阳林柴场、黄埝乡西沙大队与泗阳林苗圃相比较，情况也是如此。

产生以上生长显著差异的原因，很明显主要是由于土壤有效层次的不同，极大地影响林木根系的生长发育(表 5-4)。

表 5-4　土壤有效层次深度对根系生长的影响

地点 / 根重 / 土层深度（cm）	泗阳林苗圃				泗阳林柴场			
	总量（g）	>5mm（g）	1～5mm（g）	<1mm（g）	总量（g）	>5mm（g）	1～5mm（g）	<1mm（g）
0～10	13	2	8	3				
10～20	10	1	6	3	168	160	7	3
20～30	20	15	3	2	192	185	5	2
30～40	97	80	10	7	84	70	10	4

（续）

土层深度(cm) \ 根重 \ 地点	泗阳林苗圃				泗阳林柴场			
	总量(g)	>5mm(g)	1～5mm(g)	<1mm(g)	总量(g)	>5mm(g)	1～5mm(g)	<1mm(g)
40～50	165	145	15	5	115	98	14	3
50～60	160	140	14	6	85	72	10	5
60～70	135	120	10	5	108	90	12	6
70～80	115	100	13	2	74	40	25	9
80～90	90	75	13	2				
90～100	45	35	9	1				

从表5-4可以看出，泗阳林苗圃和泗阳林柴场土壤有效层次的土层达1m以上，有利于杨树根系的生长发育。在这种土壤上，除表层30cm的土层，由于透水较快而比较干燥，根系发育较少外，其他各层次的根系发育都比较好，特别是深层的土壤中仍有较多的根系。泗阳林柴场的土壤有效层次深度较浅，质地较黏，结构比较差，杨树根系发育不如泗阳林苗圃的同种杨树，尤其是80～90cm以下已无根系。众所周知，凡是根系发育深广的杨树，无疑能被利用的土壤容积较大，相应地给杨树生长提供的水分和养分也就较多。正如克里默(1989)指出的，植物能够利用水分及矿质元素的量首先决定于其根系接触到的土壤体积的大小。这样的情况，在泗阳的徐大泓、睢宁县林业科学研究所、河南商丘县林场均可看到。与上述情况相反，由于土壤有效层次浅，根系除在比较疏松土壤生长发育较多外，在土层过于黏重板结的土层中，根系根本无法生长，最明显的例子是江苏埝桥农场，土壤有效层次厚度仅20cm，除在这一层土壤中有几条根系伸展到植穴四周外，20cm以下的土层中几乎无一根系向外伸出植穴。而且粗度较少，长度很短，仅几厘米或十几多厘米，数量也仅30多条。所以2年生的I-69杨的高和径生长不及泗阳林苗圃同龄杨I-69的50%，可见土壤有效层次的深度对杨树生长具有决定性的作用。

2. 土壤质地

土壤质地是直接影响土壤的耕性、保肥性、供肥性和通气透水性的重要因素之一，因此对杨树生长也有较大的影响作用。根据国外资料的报道，砂壤和壤土对杨树生长最为有利，砂土和黏土的杨树生长较差，非常板结的重黏土对杨树生长极为不利，如果没有相应的改良土壤的措施不宜发展杨树。根据南京林业大学土壤教研组调查的结果(表 5-5)证明，土壤质地对杨树生长的影响是明显的。

表 5-5　土壤质地与杨树树高和胸径生长的关系

<table>
<tr><th rowspan="2">土壤层次
(cm)</th><th rowspan="2"><0.01mm 土粒含量
(%)</th><th rowspan="2">质地</th><th colspan="2">生长指标</th></tr>
<tr><th>树高(m)</th><th>胸径(cm)</th></tr>
<tr><td>0～10</td><td>16.6</td><td>砂壤土</td><td rowspan="3">1.86</td><td rowspan="3">3.41</td></tr>
<tr><td>10～65</td><td>14.6</td><td>砂壤土</td></tr>
<tr><td>65～100</td><td>72.5</td><td>轻壤土</td></tr>
<tr><td>0～12</td><td>61.7</td><td>轻壤土</td><td rowspan="3">0.84</td><td rowspan="3">2.75</td></tr>
<tr><td>12～79</td><td>67.1</td><td>轻壤土</td></tr>
<tr><td>79～100</td><td>-</td><td>砂土</td></tr>
<tr><td>0～15</td><td>39.6</td><td>中壤土</td><td rowspan="3">2.21</td><td rowspan="3">3.44</td></tr>
<tr><td>15～46</td><td>48.0</td><td>砂壤土</td></tr>
<tr><td>46～100</td><td>-</td><td>砂壤土</td></tr>
<tr><td>0～50 以下</td><td>10.5</td><td>砂壤土</td><td>1.14</td><td>2.4</td></tr>
</table>

3. 土壤通气性

土壤空气是植物根系生活所必需的，所以它是影响植物生长的主要土壤因子之一。土壤空气供给根系呼吸作用必要的氧气，接受其排出的二氧化碳。虽然各种植物对土壤空气的反应不尽相同，但氧气不足，根系吸收水肥的机能大大减弱，严重缺氧，则根系窒息以致死亡，这是普遍规律。杨树之所以地下水位过高，以及板结的土壤上生长不良，这与土壤中氧的缺乏也有密切的关系。

土壤空气主要来源于同大气进行的气体交换，这一过程的进行必须通过土壤的孔隙。所以土壤空气的数量相当一部分决定于孔隙度的大小。一般说来，孔隙度越大，则土壤空气越充足。因此在调查土壤通气性和杨树生长的关系过程中，主要是从测定土壤的孔隙度着手。根据南京林业大学吕士行等的实际测定结果(表 5-6)可知，凡是孔隙度较大的土壤，特别是从表层起至土壤深层空隙度较大

的土壤，杨树的生长都比较好。根据 Bioadfoot Bonner 的报道(1996)认为在土壤容重为 1.4g/cm^2 时，杨树生长量最好；当土壤容重达到 1.6g/cm^2 时，此时土壤总孔隙度等于38%，杨树生长受到限制。Brendemnehe (1957)指出，当土壤容量由 1.08g/m^2 增加到 1.40g/m^2 时，即总孔隙度由60%左右降低到40%左右时，杨树生长明显降低(表5-6)。

表5-6 土壤孔隙度对杨树生长的影响

地点	土壤层次(cm)	容重(g/cm^2)	孔隙度(%)	无性系	生长状况	
					树高(m)	胸径(cm)
泗阳林苗圃	0~20	1.16	55.67	I-214	10.18	15.58
	20~40	1.31	51.05	I-63/51	13.00	19.50
	40~60	1.26	52.37	I-69/55	13.90	19.48
	60~80	1.23	53.36	I-72/58	12.17	21.53
	80~100	1.23	53.36	–	–	–
泗阳李口公社罗圩大队	0~20	1.21	54.35	I-215	11.62	16.2
	20~40	1.30	51.05	I-63/51	11.43	15.83
	40~60	1.25	52.70	I-69/55	13.80	19.1
	60~80	1.25	52.70	I-72/58	11.0	20.38
	80~100	1.26	52.37	–	–	–
泗阳林柴场	0~20	1.34	49.73	I-214	10.88	15.90
	20~40	1.32	50.39	I-63/51	–	–
	40~60	1.22	53.69	I-69/55	13.00	17.8
	60~80	1.65	39.51	I-72/58	11.68	19.80
	80~100	–	–	–	–	–
武进雪埝桥林场	0~20	1.73	35.88	I-214	7.94	11.50
	20以上	1.81	32.89	I-63/51	8.25	10.50
	–	–	–	I-69/55	10.03	13.20
	–	–	–	I-72/58	9.41	13.52
	–	–	–	–	–	–

4. 土壤养分

大量的文献资料显示，由于杨树生长迅速，要求较高水平的氮肥、磷肥和钾肥。根据列奇格(T. N. Pegbko)的研究认为，杨树是属于喜硝酸盐、磷酸盐的树种。长得最好的杨树是在富有氮、磷、钾混合肥料或氮、磷混合肥料的试验区，在这种土壤上的苗木的绝对干重比对照的土壤大14倍之多。但是根据南京林业大学杨树科研组的调查分析，认为这个问题比较复杂。分析的结果并没有发现土壤养分(包括化学成分和有机质含量)与杨树生长的必然联系。没有发现如Brendemuehl所说的爱阿华州土壤上美洲黑杨生长与1.2m土壤剖面中可给态硝态氮高度相关。也没有发现如White和Carter发现的0.3m表层土壤中的浸提钾与杨树生长相关。从我们所得的资料看(表5-7)，在有机质及其他营养元素含量较高的死黄土上，I-214、I-72和I-69三个无性系杨树的生长量差于有机质含量及其他营养元素比较低的泡砂土和花斑盐土上的杨树。花斑盐土中的养分也高于泡砂土，而这三个无性系杨树的生长又低于泡砂土。另外在两种二合土中营养成分与杨树生长的关系也表现出相反的结果。金志农和陶吉兴在江西、湖南等地区调查杨树生长与立地条件的关系，也未曾发现杨树生长与土壤中所含营养元素的密切关系，这种情况并不是说明养分对杨树生长没有作用，而正是说明土壤养分对杨树生长的关系除养分含量丰富与否外，还受其他土壤特性(厚度、结构、水分、pH值等)的影响。对死黄土1年生I-72杨根系的调查，在40cm以下，无论是粗根和细根都十分稀少，其总根量几乎比花斑盐土和泡砂土上同龄杨树少50%。因此，对这种土壤上生长的杨树来说，它所能被吸收的营养元素的土壤容积实际上比花斑盐土及泡砂土少一半，而且这种板结的土壤中的营养元素有一部分是不易被充分利用的。相反，在物理性状较好的土壤上，根系发育深广，所占土壤容积很大，虽然土壤中营养元素比较少，但实际能被吸收利用的营养元素多于死黄土(表5-7)。

从两种二合土上生长的杨树也可以看到，泗阳苗圃的二合土养分含量多于泗阳的二合土，然而泗阳苗圃杨树生长显著比泗阳差，这可能是由于泗阳苗圃土壤pH值较高，同时有一定的盐分，部分养分被固定，不能为杨树所利用。

表 5-7 土壤营养成分与 3 年生杨树无性系的生长关系

土壤类型	无性系	土层（cm）	有机质（%）	全氮（%）	速效钾（μg/kg）	速效磷（μg/kg）	生长情况	
							树高（m）	胸径（cm）
死黄土	I-214	0～20	1.34	0.06	34.0	148.0	9.25	9.96
	I-75/58	20～50	1.32	0.08	18.0	90.0	11.77	18.10
	I-69/55	–	–	–	–	–	12.38	15.80
泡砂土	I-214	0～50	0.37	0.02	22.0	19.0	11.62	16.20
	I-75/58	–	–	–	–	–	11.60	20.38
	I-69/55	–	–	–	–	–	11.80	19.10
花斑盐土	I-214	0～40	0.518	0.037	29.0	38.0	10.85	15.90
	I75/58	40～70	0.414	0.019	21.0	33.0	11.68	19.83
	I-69/55	70～80	0.354		44.0	18.0	13.00	17.80
二合土	I-214	0～15		0.05	107.0	27.0	8.00	12.50
	I-75/58	–	0.67	–	–	–	11.00	17.00
	I-69/55	–	0.67	–	–	–	10.00	16.00
二合土	I-214	0～10	–	0.02	40.0	31.0	12.10	18.40
	I-75/58	10～65	0.38	0.02	63.0	31.0	12.17	21.53
	I-69/55	–	0.32	–	–	–	14.32	19.90

5. 土壤地下水位

适宜的土壤水分是杨树得以良好生长的关键土壤条件之一。众所周知，土壤水分大部分来自降水、灌溉和地下水。前两种水分的来源往往不太稳定，主要是受当地的气候条件变化和经济条件所影响，而地下水位则相对比较稳定。根据 J. B. Baker. W. M. Broad 的研究指出，土壤因子中土壤有效水分对杨树总生长的作用可占 35%，土壤有效水分中的地下水位又占水分对杨树生长影响总重的 20%。由此可见，地下水位对杨树生长的关系是十分密切的。根据南京林业大学吕士行等对湖南汉寿县（雨量较充沛地区）和山东临沂地区（雨量较少地区）杨树生长与地下水位关系的调查研究（表 5-8）可以看到，地下水位对杨树生长的影响十分显著。

根据研究，无论是在湖南的汉寿，还是有山东临沂，林龄相同的同一无性系杨

表 5-8　地下水位对杨树生长期的关系

地区	标准地号	林龄（年）	有机质含量（%）	全氮（%）	速效磷（μg/kg）	pH 值	地下水位（cm）	生长情况			
								I-69/55		I-72/55	
								高生长（m）	胸径生长（cm）	高生长（m）	胸径生长（cm）
湖南汉寿县	8	2	–	–	–	–	35	5.57	6.14	5.68	4.72
	15	2	2.69	0.11	22.9	7.60	48	6.80	6.66	6.49	8.31
	6	2	2.17	0.10	21.7	7.56	56	7.83	8.68	7.43	8.57
	14	2	2.71	0.13	23.0	7.48	62	8.10	9.0	7.64	8.29
	7	2	2.17	0.10	21.7	7.86	70	8.67	8.43	7.79	8.79
	9	2	2.07	0.09	21.2	7.61	80	8.68	9.72	8.47	9.64
	10	2	2.37	0.09	23.6	7.57	82	9.00	10.33	8.29	9.68
	17	2	–	–	–	–	111	10.10	12.38	9.42	11.14
	林科所	2	–	–	–	7.80	150	9.85	14.00	8.93	13.77
	13	2	2.52	0.11	23.0	7.79	198	9.18	11.52	8.95	11.84
	12	2	2.63	0.09	26.9	7.50	200	9.44	12.10	8.94	12.98
山东临沂地区	1	3	1.99	0.06	54.1	8.04	70	9.94	10.81	9.04	10.81
	2	3	1.80	0.05	63.5	8.43	120	–	–	19.1	13.0
	3	3	1.90	0.05	59.9	8.12	120	12.5	15.0	13.1	12.97
	4	3	1.69	0.05	55.0	7.90	135	12.81	13.61	12.17	13.80
	5	3	1.88	0.03	57.0	8.32	162	12.27	13.26	11.18	12.21
	6	3	1.93	0.04	60.1	8.14	204	11.66	12.86	11.19	11.59
	7	3	1.97	0.05	61.2	8.20	720	10.50	12.86	8.68	10.63

树，其树高、胸径生长差异很大。根据土壤常规分析的结果表明，同一地区的土壤理化性质基本相似，气候条件和营林措施在同一地区也较相似。显然林木生长的差异是土壤地下水位的高低不同所影响的结果（表 5-8），可见 I-69 和 I-72/58 两个无性系均随立地地下水位的高度变化而增长或减小（图 5-2 至图 5-3）。

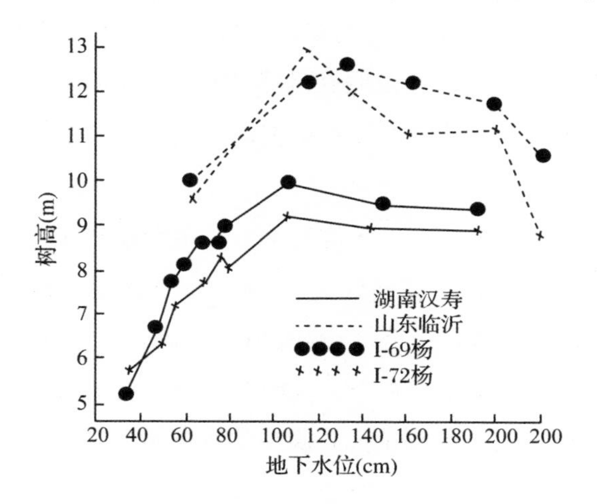

图 5-2　杨树的树高生长与地下水位的关系

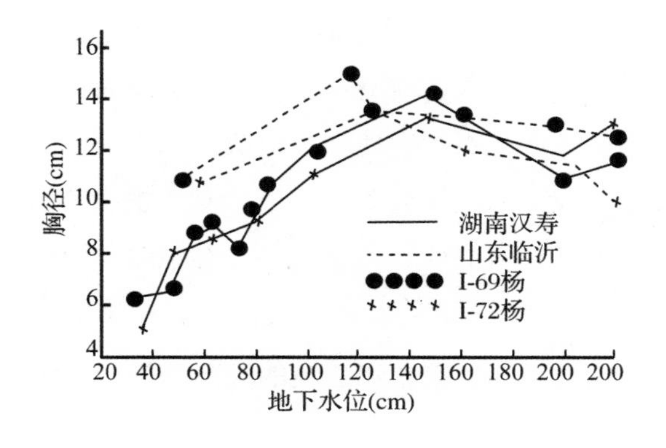

图 5-3　杨树胸径生长与地下水位的关系

（1）杨树林的树高生长在地下水位 40～120cm 范围内均随着地下水位的降低而增加，当地下水位超过 120cm 后其树高生长却随地下水位的继续下降而减小。

（2）杨树林的胸径生长在 40～150cm 的地下水高度的范围内也是随地下水位的降低而递增，在地下水位超过 160cm 后，杨树胸径生长则随地下水位继续下降而递减。

(3)杨树高生长量虽然在地下水位低于120cm后开始减少，但其递减的幅度因南方、北方地区不同而异。在北方地区，其减小的幅度较大，生长下降较快；而在南方地区，减小的幅度较小，并随着地下水位继续下降，其高生长基本上仍保持在一定的水平。

(4)在地下水位60～70cm以上的立地条件上生长的杨树其高度低于所有不同立地条件上杨树的平均高，这说明在地下水位60～70cm以上的立地条件上的杨树生长不正常。因此，必须采取排水措施，降低地下水位，才能促使杨树有更好的生长。

杨树的树高、胸径生长与地下水位的关系，特别是在地下水位深至120cm以后，南方、北方地区的差异主要与这两个地区的土壤质地有关。南方平原地区(湖南)，土壤为壤土或轻黏土，土壤的大小孔隙比例比较适宜，因此其透水性和保水性比较好。无论是旱季和雨季，其地下水位及土壤含水量的变动小。所以在地下水位低于120cm时，土壤中大孔隙中的水分虽然较少，但是由于这类土壤土粒的吸附力较强，毛细管上升能力较强，所以保持的水分含量仍较多，足以供给杨树根系的吸收利用，杨树不致因缺乏水分而影响其生长。而北方地区(临沂)土壤质地以砂土为主，砂粒含量较高，黏粒成分很少，土壤黏结性差，土壤的大孔隙多，透水快，保水性差，地下水位和土壤水分的变幅较大。土壤水分随土壤毛细管上升的高度降低，当土壤地下水位低于120cm后，杨树的生长就受到严重影响，根据估算在地下水位降至220cm时，林木的树高生长比在地下水位为120cm的立地上要下降19%～33%，胸径生长下降10%～20%。

(5)杨树的树高生长和直径生长与地下水位的关系是呈近似二次抛物线的回归关系，用最小二乘法可求出二次抛物曲线的回归方程，可证实杨树树高、胸径生长与地下水位的密切关系程度。

湖南 $\bar{H}_{69}=2.2434+0.1013x-0.00035x^2 \qquad R=0.9534$

汉寿 $\bar{H}_{72}=3.3210+0.0321x-0.00023x^2 \qquad R=0.9703$

山东 $\bar{H}_{69}=3.0598+0.1294x-0.00043x^2 \qquad R=0.9803$

临沂 $\bar{H}_{72}=3.2803+0.1356x-0.00049x^2 \qquad R=0.8815$

$\bar{D}_{69}=0.4375+0.1666x-0.00054x^2 \qquad R=0.7717$

汉寿 $\bar{D}_{72}=0.9830+0.1476x-0.00054x^2$ $R=0.9007$

$\bar{D}_{69}=4.2249+0.1285x-0.00041x^2$ $R=0.8239$

临沂 $\bar{D}_{72}=4.4507+0.1229x-0.00043x^2$ $R=0.9168$

地下水位之所以如此显著地影响杨树的生长，主要原因是地下水位的高低影响了林木根系的生长发育(表 5-8)。

表 5-8 材料显示地下水位高的立地对杨树根系的生长极不利，14 和 15 号标准地的立地地下水位在 48cm 和 60cm。两林地上杨树的根幅(水平分布)较大，但垂直根系的分布都集中在地下水位以上的 0 ~ 50cm 土层内，其中 65% ~ 95% 的根系分布在 0 ~ 40cm 土层内，虽然也发现少数几条根系深入到水位以下，但大都已发黑腐朽，明显地形成浅根根系，根系分布所占的土壤容积较小。而地下水位较低的 12 号标准地根系总量比 14 号标准地高 2 倍，比 15 号标准地高 3 倍多，而且 60cm 以下的土层内的根系占根系总量 77.3%，甚至在 100cm 以下的土层内，仍有大量的根系，并占总根量的 42%。根系所占的土壤容积很大，可提供充足的水分和养分满足杨树生长之所需。即便是在旱季土壤中仍有一定的水分，对林木生长影响较小。另外，在地下水位高的 15 号标准地上杨树根系的颜色较深，呈灰褐色，而地下水位深的立地上，杨树根系呈淡黄色，粗壮而含水量较高，表现出较强的活力。

总之，地下水位较高的立地，土壤水分过多通气不良，氧气含量少，这将对杨树根系的代谢活动产生不利影响，限制了根系的生长发育。反之，地下水位低的立地，土壤通气良好，含氧量高，对林木根系的代谢活动有利，促进杨树根系的生长发育，杨树的地上部分的生长也比较正常，正如 Hoffman 指出的那样，强大的根系生长对主干的生长是必不可少的，一旦根系生长受到干扰，就损害了主干的生长。

综上所述，影响杨树生长土壤条件的主要因子是土壤的物理性质、土壤的有效水分、土壤的有效肥力和土壤的通气性。根据大量的资料证明，在上述 4 个土壤因子中土壤的物理性质，特别是土壤有效层次的深度和土壤地下水位深度似乎更为重要，应该作为选择杨树造林立地条件首先考虑的问题。

根据上述分析，可以得出以下的结论：

(1)杨树生长最佳的立地条件。土壤有效层次深度在0.8～1m以上，且没有黏盘层、疏松、多孔的砂质壤土、土壤容重低于1.4g/cm^2，A层有机质含量>3%，在A层有效层次深度大于0.15～2m，没有水淹或仅在早春淹水的石灰质层，在根系层的pH值为5.5～7.5，地下水位1～2m，没有水淹或仅在早春淹水并很快退去，土层上部0.6cm上层中没有锈斑，土壤颜色黑色或棕色。

(2)杨树生长二等立地条件。土壤有效层次深度60～80cm，无黏盘、疏松、多孔的砂壤、轻壤。土壤容重1.5g/cm^2，有机质含量2%～3%，根系层的pH值6～7.5，地下水位0.8～1m。

(3)杨树尚可生长的立地条件。土壤有效层次的深度50cm左右，无黏盘、较疏松、微紧的轻壤、壤质黏土、轻黏土，容重在1.6～1.7g/cm^2，地下水位50cm以上或2m以下，有时有水淹，土壤有机质含量1%～2%，根系层的pH值5或8。

(4)不宜栽植杨树的立地条件。土壤有效层次深度不及50cm或50cm以上的土层中有犁底或黏盘，土壤结实，块状结构，容重在1.7g/cm^{2}以上的板脊、土岗、砂丘，任何时候易被水淹或受旱，有机质含量低于1%，表土缺乏。

四、造林密度及轮伐期

(一)造林密度

造林密度是造林和经营的中心问题，是决定林分的产量和木材质量的重要影响因素。造林密度影响立木在林地上的分布形式，不是简单的数量排列组合的问题，而是关系到形成什么样的群体结构。不同的群体结构，林木个体与个体之间的相互关系、个体与群体之间的相互关系是不同的。林分间在光照、温度、湿度、通气情况等生态条件都有差异，因而对林木的生长发育以及对木材的质量都有较大的影响。适宜的造林密度，即合理的群体结构，不仅能保证个体有充分生长发育的条件，而且也能最大限度利用空间，获得这类材种的最高产量。

当前我国各地杨树造林的面积很大，无论是以培育大径材为目的或培育小径材为目的造林密度，普遍存在造林密度过大的现象，其结果是培育出大材的林分，培育不出优质大材，培育小径级材的林分达不到高产的目的。为此在杨树造林之前，必须根据培育材种的规格要求确定适应于该材种要求的造林密度。也就

是说要进行定向培育，这才是取得最大纤维和能量产量的关键。

当前工业用材对杨树木材的要求基本上是两大类，即培育胶合板用的大径材及培育碎料板(刨花板、拼板、纤维板、纸浆材)的小径级材。前者要求的径级为直径要达到24cm以上；后者要求的直径应在8～10cm，当然作纤维用材，例如纤维板材，更小径级的木材也可以利用。因此，这两类材种的培育，起始造林株行距就不相同。

根据我国农村的实际情况，培育胶合板材的造林类型有成片造林，农田防护林网造林，家前屋后、道路、沟渠、四旁栽植，都能够培育大径级材。

1. 成片造林

近年来，农村实施产业结构改革，相当多的农户把目标锁定在发展林业上，特别是杨树造林。由于农民对造林密度与林木生长的关系认识不足，没有定向培育的概念，所用的造林密度不合理。一般都认为栽得密比较好，其实不然。无论培育什么材种，在它的轮伐期内，一定密度范围的林分，株行距小的人工林确实能较早达到较高的年平均生长量，但是随着林龄的增长，林木之间的竞争也加剧，从而减少了每株树木的生长量，特别是胸径生长量。因为林木的单株直径的生长主要决定于单株树木的叶面积。林分的单位面积的产量主要决定于林分的叶面积指数(单位面积土地上叶的表面积)，林分在生长过程中必须形成适度的叶面积，并在林分生长过程中保持这种叶面积，人工林才能获得较高产量。根据我们多年的研究，以及国外栽植密度对林木生长及产量关系的研究表明，培育胶板材，要取得高产且合乎这样规格木材的栽植株行距以5m×5m或6m×6m最为合适，这可从以下实例得到证实。培育胶合板材试验的起始密度4m×4m开始，以5m×5m、6m×6m、5m×8m这样的一组密度做试验，结果这几种密度的林分达到24cm胸径的年限分别为株行距4m×4m需7～8年，5m×5m需6年，6m×6m的需5.5～6.5年，5m×8m需5.5年。由此可见，4m×4m株行距的林分虽然也可以培育出胶合板材，而且其木材总产量也较高。但是达到胶合板规格的年限稍迟，而且胶合板材的产量即使到10年、15年生都是比其他密度林分低。5m×8m或更大株行距的林分达到胶合板材规格的年限虽然比较早，但它的总产量并不高，到轮伐期时它的单位面积上的年平均产量也不高，而只有栽植密度在5m×5m或6m×6m株行距的林分，虽然它的成材年限稍迟于大株行距的林分，但是它到轮伐年限，无论是胶合板材的产量还是单位面积年产量都较高。由以上实例可以看到，成片造林应采用的株行距以5m×5m或6m×6m为最佳，切不可采用小于5m×5m的株行距的造林密度。

2. 林粮间作类型的造林密度

林粮间作可以分成以林为主和以农为主的林粮间作。以林为主的林粮间作，这种造林类型实际上是成片造林的另一种类型，是考虑到我国农村的具体情况，考虑到农民以农田栽植杨树培育大材，轮伐期较长，收益较迟。为了弥补农民栽植过程中经济损失，有一定的收益，采用适当扩大栽植的行距，达到能较长时期种植粮食作物或其他经济作物的目的。根据试验的结果，需把行距扩大到10m或15m，株距缩小到4m或5m。

这样的栽植方式，种植农作物时间大致可以延长至5~6年。当然，作物的种类应根据林龄的增长过程适当调整，以适应改变的生态条件。根据计算，4m×10m、4m×15m的株行距栽植的林分每亩地仍可栽植16~17株，它近似于株行距6m×6m的林分，因此其产量也与之近似。

以农为主的栽植类型，林分与种植农作物自始至终能两者并存。这是考虑到我国人口众多，可耕地较少、粮食生产始终是不能忽视的具体国情。采用既可以造林培育大材，又可以长期种植粮食或其他作物的一种造林类型。这种造林方法是扩大行距至40m，也就是每隔40m栽植2行杨树呈带状，并把带内的株距缩小至4m×4m，这是利用边行效应的原理。由于4m×4m的林带其两侧均为农田，光照对杨树的生长无太多影响。根据观察，这样栽植的林带若干年后，均能长成直径30~40cm的大材。单位面积的株数也可以达到8~9株，其产量也可达到国家规定的速生丰产林的标准，林间种植的农作物只要调配得当，其产量并不会由于有林带的存在而大量减产；相反林带还有保护农作物的作用，特别是防止干热风的侵袭。这种造林方式，已在江苏泗洪县城头林场实施，取得较好的结果。

3. 农田林网造林

我国广大农区为了防止大风、冰雹及干热风等自然灾害对农作物的危害，在农田四周栽植防护林带，可以达到防灾的效果，也可以生产大量的木材。因为防护林网的建立，要较长时间发挥林网防护作用，轮伐期较长。另外，林网建立在农田，立地条件也比较优越，完全可能培育大材。但是在建立林网时要因地制

宜，根据具体农田规划，实施在主干道或沟渠两旁较宽的地方，可以栽植两行或更多行的杨树。若栽植两行(每边一行)，则可以采取株距3m或4m为宜。如栽植3行以上应扩大到株行距4m×5m或4m×6m为好，若在田间小道上只能栽一行，则采用株距3m或4m，不能栽植过密，保证栽植的杨树生长良好。

4. 家前屋后、四旁栽植

在我国长江以北广大农村，每个村庄的家前屋后都留有相当多的自留地。根据在山东曹县的调查，一个县农村家前屋后的土地面积共计达到25万亩之多，而且这些土地都比肥沃平坦。虽然当前在这些土地上都栽有树木，特别是杨树确也不少，几乎达到了"白天见不到村庄，晚上见不到灯光的程度"。但是其所栽植的树种杂乱，杨树品种也很不一致，而且均栽得过密，很难成材，土地资源未得到充分利用，实属浪费。这种小块的宜林地，采用株间距6m×6m成片的造林，完全有望至轮伐年限，获得大量的优质大径级材。

除上述情况之外，在房屋周边小块隙地栽植几株或一行杨树，既可遮阴挡风，也可生长成大树。但这种栽植方式，其株距不能太密，一般采用3m或4m较为适宜。

(二)培育小径级材采用的造林密度

1. 纤维板材造林密度

小径级材的用途一般可分为纤维用材和纸浆及刨花板、拼板等用材，培育纤维用材要求的木材径级较低，利用时都必须加以粉碎，因此苗干以及林木的侧枝均可利用，但假如是为工厂生产原料，要求建立纤维用材的基地，方能源源不断供应原料，对这种基地的要求应该是培育时间短，产量要高。因此林木应该密植，可采用1m×1m或1m×2m、2m×2m的株行距都可，其轮伐期一般为4年。

2. 培育纸浆材的株行距

根据造纸部门对纸浆材的要求，林木的胸径要达到10cm左右，国外的造纸部门对杨树纸浆材原木的要求标准，其直径应在10～20cm之间，这是因为径级太小、林龄太低的杨木用作造纸原料有很多不足之处：①木材的树皮率较高，影响纸浆的质量；②木材的纤维长度和宽度达不到理想的要求；③木材纤维的含量较低，而且很不稳定；④加工处理时用碱量较高，蒸煮时间加长，总得浆率较低。一般说，杨树要达到纸浆材原料的要求大概要用4～6年生的杨树，以上缺

点才能得到改善。同时在这样的林龄阶段其直径也可以达到要求，可以采伐利用。但是在这个林龄阶段，林木的材积生长也处在速生阶段，此时的产量不高，即使采用株行距 3m×3m 的栽植密度，4～6 年生杨树林分蓄积量也只有 25～70m^3/hm^2。根据密度与产量关系的规律，在一定密度范围内，林分的蓄积量随密度的增加而递增，因此要培育高产的纸浆材林最合适密度。显然采用小于 3m×3m 株行距的林分，其产量肯定低于 3m×3m 密度的林分，那么采用大于 3m×3m 密度造林结果如何呢？根据有关试验，例如采用 1m×1m 的株行距的栽植密度，这类林分至年末，其成活率如以 64% 计算，这样实际上的株数降至 6400 株/hm^2，其株行距实际已扩大到 1.24m×1.24m；第 2 年，经自然淘汰减少到 6163 株/hm^2，而此时的株行距已增加到 1.27m×1.27m；第 3 年，由于竞争每公顷的株数减少到 4493 株/hm^2，这时实际株行距已增加到 1.49m×1.49m，林分平均胸径为 5.3cm，蓄积量为 32.17m^3/hm^2；第 4 年，保存株数降到 2931 株，实际株行距已扩大至 1.85m×1.85m，平均胸径为 8.33cm，总蓄积量为 58.67m^3/hm^2；第 5 年，保留株数降至 1369 株，此时株行距已增加至 2.7m×2.7m，胸径为 10.63cm，蓄积量 54.71m^3/hm^2。从以上实例可以看到第 4、第 5 年总产量确实超过同林龄的 3m×3m 密度的林分。但是在第 4 年林分的平均胸径尚达不到纸浆材要求的标准，即使第 5 年勉强达到了标准，此时的株行距实际也与 3m×3m 相似。由此可见，采用大于 3m×3m 密度造林，则会大大增加苗木培育、栽植、抚育等一系列栽培措施支出的费用；从经济角度评价，采用大于 3m×3m 密度的造林是不经济的，因此培育纸浆材林最合适的造林密度应该是 3m×3m，过密和过稀都是不经济、不合适的。

（三）轮伐期与造林密度

所谓轮伐期，简单地说，就是森林经营的周期，是在一定的经营单位内，轮流主伐一遍所需要的年数。就同一林分而言，则表示本次主伐至下次主伐所需的年数。轮伐期的长短受主伐年龄的影响，一般来说主伐林龄往往是在林分材积单位面积平均生长量达最高的林龄。从经济角度考虑，在这个林龄采伐才能获得最大的经济效益。

当前，广大的杨树栽培区在轮伐期这个问题上是混乱的，存在着急功近利、随心所欲的倾向，所决定的轮伐期均缺乏根据。

众所周知，杨木是工业用材，它可以用作纤维用材，又可以用作锯材和胶合板用材。不同的材种对杨木规格的要求是不同的。因此，杨木的栽培措施必须根据用材部门的要求实施定向培育，生产出量大，规格一致的各类木材。同时木材加工部门的设备，加工技术都能比较适应而提高效率。

1. 纤维用材林的轮伐期

纤维用材林的材种规格要求比较低，各种小径材，乃至侧枝、树梢都可以用作纤维用。大面积的纤维用材林为了能在短期内获得大量的木材，往往采用栽植密度很大的造林方法。根据造林密度林分的材积生长随造林密度的增加而增加，密植林分比较早地影响立木生长这个规律，密植林分的轮伐期必然较短。为了说明这个问题，根据 R. M. Krinard and R. L. Johnson 经 15 年对美洲黑杨不同密度林分林木的生长和产量的研究等，都认为美洲黑杨的直径生长在第 4 年减小，而且这种减小不受株行距的制约，又因黑杨派杨树不耐阴，并认为适用于培育纤维用材轮伐期为 4 年，假如这样的林分继续延长，则林分会发生自然稀疏，实际上到时其栽植密度已经不再是 1. 2m × 1. 2m，其他有关试验基本上也是这个结论。

2. 纸浆材林的轮伐期

林木材种的规格要求以及单位面积年平均最大的生长量出现的林龄是决定轮伐期最主要的因素。在纸浆林造林密度的论述中，杨木作为纸浆造纸原料对木材的要求是胸径应该达到 10cm 左右(表 5-9)。

表 5-9　各类密度林分平均胸径在 10cm 以上平均单位面积的材积生长量(m^3)

林龄(年)	3m × 3m	3m × 4m	4m × 4m	4m × 5m	5m × 5m	5m × 6m
4	25	20	17	15	15	15
5	70	49	40	25	25	25
6	110	90	75	60	55	49
7	150	130	105	85	85	75
8	205	175	150	130	130	110
9	260	230	205	175	170	150
10	290	255	230	200	190	170
11	330	280	250	225	225	190
12	370	320	290	255	255	220

3m×3m的株行距的林分径级能达到造纸规格要求需要4～5年。当然株行距更大的林分，例如4m×4m或4m×5m的林分，达到这个标准可以提前，但是在这个时候假如进行主伐，则单位面积的产量较低，即使是株行距为3m×3m的林分，此时它的木材产量也仅有25m^3/hm^2，其他密度较小的林分则产量更低。表5-9数据证明，所有密度林分都随着林分林龄的增加，木材产量会有很大的增加，所以当杨木达到造纸材规格时就采伐，即使在砍伐的当年，再重栽或实施萌芽更新，再经4年采伐，两茬产量加起来也只有50m^3/hm^2。如果在第4年不砍伐，延长至8年生采伐则可以达205m^3/hm^2。假如再延长至12年采伐，则每公顷可获370m^3，这时也达到了单位面积平均年生长量最高的年限，超过了这个时间，平均年产量又有所下降，因此，纸浆材的栽植密度以3m×3m为最佳。采伐林龄以12年为最好。不仅如此，对于一个造纸企业来说，这样可以极大地降低成本。如一个年产10000t的工厂，每年需要50000m^3的木材，如在4年生时采伐，以这时的产量计算，则每年需要采伐2941hm^2林地的木材。假如延长至10年采伐，就只需要采伐217hm^2林地的木材就能满足生产的需要。这样可以很大程度减少基地面积，减少造林费用，降低成本。

根据木材加工部门的要求，作为胶合板用材的要求标准，它的小头直径要达到24cm以上。当然径级更大尤为合适，按造林密度试验的结论看，胸径能达到24cm以上的造林密度至少应该在4m×4m以上的栽植密度林分才有可能。据杨树造林密度试验的测定，造林密度在4m×4m、5m×5m、6m×6m、5m×8m的各类密度林分中，其胸径达到24cm的年限分别为7年、6年、6年和5.5年，就是说上述密度林都可以培育胶合板用材，而且各类密度林分生长达到24cm时的总产量分别为301、164、127及118m^3/hm^2，其中能用作胶合板材的产量相应的只有79、93、94及91$m^3$$hm^2$，而且这时的单位面积平均产量是极低的，从各林分材积生长过程来说，这样的林龄阶段应该是材积增长的快速阶段，在这时主伐势必得不偿失。只有到11、12年时，各类林分单位面积年平均生长量才达到最高，胶合板材的产量也分别为312、387、359和340m^3/hm^2。由此可见，在5m×5m和6m×6m的林分中至12年的采伐，胶合板材产量最高，4m×4m的林分虽然其木材的总产量略高于5m×5m和6m×6m的林分，但胶合板材的产量都低于上述2种密度林分，因此培育胶合板材，应该采用5m×5m或6m×6m的造林密

度，而轮伐期应该是12～13年。

五、杨树造林技术

（一）栽植造林

杨树在栽植后最关键的前2年的成活率和保存率取决于苗木的活力、整地的质量、施肥、灌溉和清除竞争的杂草。因为对于集约经营的杨树来说，尽可能早地占据立地，对今后杨树的生长是有利的，因此保证造林成活率十分重要，要求造林成活率能达到90%以上，如造林成活率不高，可通过翌年补植的办法补救。因为杨树十分喜光，补植的立木生长往往难于跟上先植的立木而处于永远落后状态，影响其生长，林相不整齐，并影响产量，因而要使造林能够成功必须要做好以下工作。

1. 培育壮苗

根据杨树造林发展比较早而积累了丰富经验国家的报道，杨树栽培必须要用大苗，特别是培育大材的林分应以1/2苗或2/2苗木栽植最为理想，切忌采用小苗、弱苗造林，要育好杨树壮苗应从以下方面着手。

(1)选好苗圃地。选择好适合的苗圃地十分重要，一般说苗圃地要使用若干年，苗圃地的好坏是影响苗木质量和产量的重要条件之一，所以，苗圃地的土壤条件必须认真选择。要选择砂石少，土壤深厚肥沃，排水保水性能好的砂质壤土、轻壤土或壤土为好。这些土壤一般水肥条件好，物理性状好，土壤的通气、热量、养分、水分条件比较协调，有利于苗木根系的生长发育，可培育壮苗。黏重板结的土壤，气、热、水条件不协调，对苗木的生长不利，一般不宜选作苗圃地。砂土疏松、透气性好，但往往肥力低、排水快、保水性能差，也不是培育壮苗的理想苗圃地。除此之外，在选择苗圃地时，也要考虑到交通运输便利，水源近而充足。

(2)施足基肥。比较固定的苗圃地，每年要从苗圃地培育苗木、出圃苗木。这些苗木在培育过程中会大量吸收土壤中的肥料，出圃时又会带走大量的营养元素。为此，在整地筑床之前一定要施足基肥。苗圃地施用的基肥以厩肥、堆肥和绿肥为最好，它既能提高土壤肥力，又能改良土壤结构。在缺乏上述各种肥料时，化肥当然也可用作基肥。氮肥、磷肥、钾肥都可应用。但在冬春降水较多地

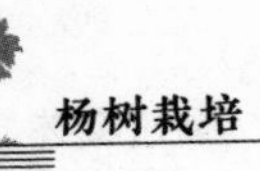

区，氮肥要慎用，以氨态氮和尿素为宜。

(3) 整地筑床。无论是旱地或水稻田作苗圃地均应整地。整地是改良土壤物理性状的重要措施。土壤中肥料的有效性也只有具良好的物理性状的土壤才能充分发挥出来。同时整地能消灭杂草，对防治病虫害也有一定的作用。

整地时最主要的是整地深度和整地时间，这两方面的问题对今后苗木的生长最有影响。杨树扦插苗入土较深，因此整地的深度要大些，一般应在25cm左右。整地过浅，影响苗木根系的生长发育，不能培育壮苗；整地过深，没有必要。至于整地的时间，不论是北方和南方均以冬季整地为好，冬季整地经过冬季冻融风化，能改良土壤的物理性状，消灭部分病虫害。整地后，最好随即耙地，耙地能耙碎土块，使苗地平整便于筑床和扦插。

筑床：杨树育苗的苗床有高床、平床和低床之分。高床一般在南方多雨的地区适用，以利排水。低床在北方比较干旱地区比较合适。当前很多地方培育杨树苗木多采用大田育苗，即在大田内按一定的距离开排水沟，沟与沟之间的地面作插床扦插杨树。这种方式可提高单位面积的苗木产量。但用这种方式，在中间应留有步道，以便管理。

(4) 插条苗的选择。用作插穗的杨树苗木不一定很粗，一般直径有2.0cm就可以。太粗的插穗扦插比较困难。但要求苗木有健壮饱满的芽，没有病虫害。侧枝较少或没有侧枝的苗条比较好。

(5) 插穗的截取。用作苗圃育苗的插穗一般长15~20cm，要求每根插穗至少要有2~3个健壮的芽。有些苗条在苗木生长过程中已有部分芽发育成侧枝，这种已发育有侧枝的部分不宜用作插穗。插穗的剪取，上切口应在第一个芽的上端1cm，下切口应该在最下部芽以下1cm为宜。注意不要撕裂皮部及开裂。

剪好的插穗应按粗细分别归类每100根捆成一捆。不需立即扦插的插穗应贮藏在户外阴面干燥的土壤中，要经常检查以防霉烂或干旱。

(6) 扦插。穗条在扦插前最好在清水中浸泡1~2昼夜，使插穗吸足水分有利成活。杨树生长快，要求光照充足，扦插密度不能过大。一般而言，扦插密度以每亩不宜超过3000株，假如以苗床作每公顷6000m^{2}计算，株行距应该是40cm×50cm。苗木密度过密，苗木纤细，苗干弯曲。如培育1/2苗，则在冬春，平地面截去苗条，剪取插穗，根桩部留床再生长一年，即可用作造林，如原密度为3000

株/hm^2，则不必移去部分苗木，保持原有密度，可以培育1/2苗木。假如苗木太密，要移走部分苗木，才能培育出健壮的1/2苗或2年生苗。

在连续几年培育杨树苗木的苗圃地，应轮作换茬，否则会严重影响以后苗木的生长，难以培育理想的杨树苗木，即使施用足够的大量元素，苗木也不能茁壮成长。

(7)苗木管理。

①松土除草。松土除草是苗木抚育管理最基本的措施，在苗木生长期间，苗圃地由于降雨、灌溉等原因，土壤表层往往会变得板结，这不仅增加土壤的水分蒸发，还减弱土壤的通气透水性，影响苗木的生长发育。松土就是为了改良土壤的通气透水条件，减少土壤水分蒸发。杂草是苗木对土壤水分、养分、阳光的竞争者，也是有关病虫的传播者。因此必须经常清除杂草，保证苗木的顺利成长。松土与除草通常都是结合进行，松土、除草的时间和次数，应根据苗木的生长、土壤、气候、杂草生长等情况而定。松土除草时不要伤及苗木，特别是扦插苗刚发芽抽枝时，更应注意。

②灌溉。土壤干旱，缺乏水分会严重影响苗木的生长。合理灌溉可以促进苗木的生长。一般说，苗木生长初期特别不耐旱，更应适时适量进行灌溉。秋季，苗木即将结束生长时，应限制灌溉，以防苗木徒长。灌溉方式有侧方灌溉和上方灌溉。水源充足的地方，可用漫灌。要注意待苗床中心稍湿润时应及时放水，防止苗根长期浸润在过湿的土壤中，影响生长。

③排水防涝。春夏季节，雨水较多。特别是在南方“梅雨季节”，暴雨较多，应及时开沟排水，排除积水。

④施肥。苗木生长过程中，必须根据各时期苗木的生长情况，及时追施肥料，促进苗木生长。杨树插穗一般3月底4月初萌动发芽展叶。5、6月开始速生阶段，可延续至8、9月生长开始缓慢。10、11月基本停止生长。根据其生长规律，5月开始追肥2～4次。在立秋之后应停止施肥，以防苗木徒长，不能及时木质化，影响造林成活率。施肥量和肥料种类：一般多次施追肥每亩可施硫酸铵2.5～5kg、过磷酸钙4～5kg。

2. 影响栽植造林成活率的原因

栽植造林由起苗到栽植后重新形成新的根系，恢复正常的生理活动都要经受

严重的水分压力。因为在移栽过程中，苗木的根系大部分被切断。杨树起苗，几乎80%以上的根系都残留在苗圃地中，留在苗上的根系大部分脱离了供给水分的土壤，而这时的苗木蒸腾作用仍在继续。根据有关资料的报道，移栽苗的蒸腾强度仅仅比未移栽苗降低15%。这就是说，移栽苗的蒸腾耗水仍然是相当强的，移栽苗在移栽过程中水分的减少，在起苗后的初期减少的最为显著。据统计，起苗后5h，其苗重为原苗重的60%；若放置30h，苗重只有原苗重的30%；若放置50h，则只有苗重的20%。

从整株苗木各部分的失水量来看，苗木的根系失水尤为迅速。据研究，起苗后放置5h，根系含水量只有原重的15%；放置30h，根系含水量只有原重的5%，这是由于茎一般有木栓层，能有一定程度的保护。而根没有控制蒸腾作用的发达组织，根皮的组织很薄，细胞排列疏松，细胞膜也较薄，内部水分容易蒸发，即使较粗的根系，有栓层，其厚度远比茎的木栓层薄，特别是一些初生组织的吸收根，这种根系细胞膜迅速失水，显著地降低了根系组织的活力。根据有关的研究认为，根系的活力与苗木体内含水量的高低呈正相关关系，即苗木体内含水量越高，则根系的活力越强。相反，苗木失水越多，则根系的活力越差。根据Watabe的研究可见，根系含水量降低10%，大部分直根严重受害，当水分损失20%，则直根死亡。当水分降低25%时，大多移植苗木死亡。

当然，整株苗木的地上和地下部分是一个有机整体。当根系失水时，地上部分的水分会向下移动，以维持苗木根系的活力，所以我们在杨树造林的实践中往往会遇到，当苗木地上部分因失水而枯死，而地下部分依然活着。所以当杨树造林遇到种种原因，地上部分因失水而枯干时，可以及时截干处理。根颈部分能够萌发新枝。当然，假如地下部分已经失水过多，再进行截干或灌溉也不会再发芽成活。

由此可知，移栽苗的水分失衡是造林成活率低的根本原因。但是影响苗木水分平衡往往与以下各种因素有关。

（1）品种不同与苗木水分平衡的关系。不同的杨树种或品种，由于它们生长（起源）在不同的自然环境下因而形成不同的生态特性。这种特性，当然是多方面的，其中就包括了水分代谢，即水分的吸收与蒸腾等生理活动，存在很大的差异。就以前几年引进的几种杨树研究来看，它们对水分条件的反应、蒸腾强度存

在显著的差别(表 5-10)。

表 5-10　各类杨树无性系苗木的失水率

天数 无性系	各类杨树无性系的失水率(%)											
	2 天	4 天	6 天	8 天	10 天	12 天	14 天	16 天	18 天	20 天	22 天	24 天
I-63/51	3.1	5.7	9.8	13.6	14.7	16.3	18.3	20.0	22.1	24.0	25.4	26.7
I-72/58	2.4	4.7	8.1	9.9	11.6	13.7	15.2	17.3	19.3	20.9	22.5	23.8
I-69/55	2.6	4.9	8.5	10.5	12.9	14.3	15.8	17.8	19.8	21.2	23.4	24.1
I-214	1.8	3.5	5.8	7.4	8.9	9.6	10.7	12.0	13.4	14.4	15.5	16.1

从表 5-10 可以看出，I-214 杨的失水率最低，其次是 I-72/58，而后是 I-69/55，失水率最快的是 I-63/51 杨。生产实践也确实证明，I-214 的栽植成活率最高，其次是 I-69/55，成活率最差的是I-63/51 杨。国外的试验也是这个结论。这与它所处原生长地的自然条件有关。

(2)苗木质量与水分平衡的关系。衡量苗木质量的指标很多，一般有形态指标、生理指标及生化指标等。

形态指标具体地表现在冠根之比或高径之比。一般认为，杨树优良苗木的高径比为 100∶1，即 1m 高的苗木，应该有 1cm 的地径。假如高径之比大，这种苗木往往是在密度大的苗圃中培育出来的，这种苗木的质量很差，造林成活率比较低。吸收根率，即吸收根与全部根系重量之比，也是苗木形态指标之一，吸收根率应在 1.5% 以上。因为吸收根量比较高的苗木，在栽植后，由于根表面积大，吸水比较容易，易于保持水分平衡，提高造林成活率。但是我们也应该注意，细根多的苗木如果在干旱的土壤或在空气中暴露的时间过长，则细根容易失水死亡。在这种情况下，细根多的苗木，反而不利于水分平衡。造林时，对这种苗木要适当地修去一部分细根，这样才有利于水分平衡，造林成活率较高。

生化指标即碳水化合物贮存的多少，直接影响造林成活率。碳水化合物贮存较少，通常会降低造林成活率。众所周知，植物的组织成分主要是碳水化合物、水分和矿质元素。碳水化合物少，则意味着苗木含水量高，组织不充实，这种苗木起苗后，容易失水，不易保持水分平衡。

生理指标，苗木的生理品质受苗圃地的施肥、灌溉的影响。施肥过多，特别是氮肥过多，尤其是生长后期施氮肥过多，会明显地降低苗木的比重，这是细胞壁薄的反映。这类苗木多汁，一旦起苗失水迅速，难于较长时间保持水分平衡。

(3)苗木林龄与水分平衡的关系。苗木林龄的大小，对苗木水分平衡有一定的关系。不同苗龄的苗木生长有差异，因而其组织结构不同。杨树1年生苗木初期生长很慢(4~6月)，占生长量的30%~40%，大量的生长在6月以后，7~9月占总生长量的60%~70%，因而其春梢比例小，而秋梢比例大(表5-11)。2年生苗则相反，秋梢生长的比例较小。因此苗木比较充实，失水较少。

表5-11　各类杨树无性系不同年龄苗木的春秋梢的生长量

无性系	苗龄	4、5、6月的相对生长量(%)	7、8、9月的相对生长量(%)
I-63/51	1/1	43.5	56.5
	1/2	70.9	29.1
I-69/55	1/1	43.4	56.6
	1/2	61.2	38.8
I-72/58	1/1	41.3	58.7
	1/2	61.2	38.8

上述影响水分平衡的内在因素固然对造林成活率有较大影响。但其外界环境条件对移植苗的水分平衡也有较大的影响。很多原来水分保持很好的苗木，往往由于外界环境条件不适合，导致原来水分保持很好的苗木，继续失水，使平衡破坏，影响造林成活率。这些外界环境条件有：①立地条件。造林地非常干旱，会导致苗木定植后继续大量失水，以致苗木死亡，降低成活率，这是常见的现象。因此造林时要十分注意当时的土壤墒情。要灵活决定造林时间。②造林地的细致整地是改善土壤物理性状、保持土壤水分的重要措施。粗放而不合时宜地整地，会使土壤物理性状变坏，透水、保水力降低，导致造林后苗木继续失水，降低造林成活率。③栽植技术对苗木成活影响很大，如栽植按规定施工，栽得过浅，栽植时不分层培土，踏实，窝根或吊空，根系不能与土壤密切接触，即使土壤墒情适宜，苗木也会继续失水导致死亡。

为此，为防止苗木失水，影响造林成活率，必须做好以下各点：①尽可能缩短起苗到栽植的时间，做到随起随栽，当天栽不完的苗木要泡在流水中或假植。②从起苗到栽植过程中尽可能保护好苗木，不致大量失水。③起苗要细致，少伤根系，适当多带根系，远距离运输的苗木要蘸泥浆，并覆盖防晒。④适时适量修

剪，调整冠根比例。

（二）造林方法

1. 植苗造林

(1) 苗木的选择。优质壮苗是保证造林成活，提高造林质量的重要物质基础，又是速生丰产提高木材质量的重要条件之一。因此世界各国在杨树造林时十分注意苗木的质量和规格，在培育大径材一般都采用 1/2 苗(2 年根，1 年干) 及 2/2 苗(2 年根，2 年干) 苗木造林。根据多年的研究。应用大苗造林有以下几方面的优越性：①提高造林成活率，从当前在全国各地推广的 I-63、I-69 和 I-72 三个无性系的苗期生长特点看，1 年生扦插苗的生长前期(4 ~ 6 月) 的生长量比较小，一般只占全年总生长量的 30% 左右；而后期(7 ~ 8 月，甚至 9 月) 的生长量较大，占全年总生长量的 60% 左右；而且生长结束时间往往延迟到 11 月底或 12 月上旬，所以在低温寒流到来之前，营养物质尚未充分转化，往往来不及木质化，组织比较疏松，容易遭到失水而死亡。如当年冬春气温低，雨量较少，则新栽幼树容易发生枯干、枯梢，影响造林成活率。如果用 1/2 或 2/2 大苗，则这种苗在前期生长量较大，占全年生长量的 50% ~ 60%，后期约占全年总生长量的 40%。结束生长比较及时，苗木木质化程度较高，苗木失水较少，其根系的活力强，造林成活率较高。②苗干比较通直，1/1 苗由于早期生长量小而比较弱，很容易受外界环境条件，如光照、风的影响，大量苗木的通直度较低，特别是扦插密度比较大的苗木，通直度更差，几乎是 100% 的苗木弯曲。1/2 或 2/2 苗则相反。由于原有根系比较好，栽植后春季开始生长时，苗木生长很快，苗干通直，这种苗木对培育大径材十分有利。③有利于培育无节良材，具有一定高度的苗木(6m 以上)。在栽植前全部除去侧枝，栽植后，第 1 年生长量较大，第 2 轮侧枝距第一轮侧枝的距离较大。当第一轮侧枝修剪时，无枝的主干较长。综上所述，在培育杨树用材林时，特别是培育胶合板之类的大径材时，最好采用 5 ~ 6m 以上的 1/2 或 2/2 的大苗造林比较好。切忌采用 1 年生小苗、弱苗造林。

(2) 造林季节的灵活确定。杨树造林的季节与其他树种一样，可以在秋季、冬季及春季造林。依据各地区的具体栽植季节确定，根据各地区上述季节中土壤墒情而定，这对杨树造林的成活率是十分重要的问题。尤其是在长江以北，冬春季雨量较少地区更应该根据每年土壤的墒情决定造林季节。特别是南方型杨树无性系，由于它们的原产地秋冬季节温度较高，雨量较多，生长期较长，而我国的北方(长江以北) 秋末冬初，冷空气来得较早，苗木的生长周期尚未完全结束。

落叶是低温和霜冻所迫而提前，因此苗干的木质化程度较差。如造林时土壤水分不足，再加上栽植措施不甚规范，往往会造成大量枯干、枯梢现象。只有在土壤墒情较好的情况下，及时起苗，及时栽植，才能达到比较理想的效果。至于说三个不同季节造林的安排，应该根据当地的气候、土壤、劳力安排等具体情况而定。

近些年来，不少地方提倡秋季带叶栽植，即栽植时苗干上部的叶子尚未脱落。根据我们试验的结果看，这个季节造林有一定的优点：①造林成活率比较高。一般来说在深秋(11 月下旬)特别是长江以北，雨量多集中在 8、9 月，秋季的土壤墒情比较好，有利于杨树的成活。②栽植后的第 1 年生长量大于翌年春季栽植的杨树。无论是高、径生长都优于冬季栽植同类杨树(表 5-12)。③有利于安排农时，延长造林时间。

秋季带叶栽植之所以比春季栽植优越，其主要原因是：①在秋季栽植时，虽然苗木仍然留有叶子，但已处于生长后期，实际基本已停止生长。树叶的离层已基本形成。因此不会因带叶栽植而引起苗木大量失水。②晚秋带叶栽植时，虽然此时气温已较低。例如在河南商丘，栽植时气温已降至 10. 3℃以下。但由于地温变化滞后于气温，此时土壤温度仍然较高，在商丘林场，此时 40cm 土层深处，地温在 14. 5℃，这样的温度对杨树根系产生新根仍然是合适的。因此在栽植后 1 个月进行调查，无论在入土苗干的皮部或是根部的切口，发生了大量的根系(表 5-13)。无疑，待翌年春天温度升高，杨树就能吸收到足够的水分和养分而生长。相反，春季或冬季造林。虽然春季气温已升高，但此时地温仍然较低，对根系生长尚不适宜。只有当土壤温度提高到适宜杨树根系生长的程度，根系才能顺利发生，地上部分才能生长，所以当年生长量比较少。

表 5-12　秋季带叶栽植与春季栽植的一年生杨树生长量比较

无性系 \ 指标 \ 方式	秋季带叶栽植		春季造林	
	高生长量(m)	胸径生长量(m)	高生长量(m)	胸径生长量(m)
I-72/58	3.5	10.2	2.3	7.7
I-69/55	3.45	8.9	1.9	6.9
I-63/51	3.18	8.8	1.5	6.6
I-214	3.45	6.5	1.33	3.9
I-45/51	1.80	8.6	1.33	6.5

表 5-13　秋栽杨树的生根情况

无性系 \ 项目	愈伤组织生根				皮部生根			
	数量(根)		平均长度(cm)		数量(根)		平均长度(cm)	
	一次根	二次根	一次根	二次根	一次根	二次根	一次根	二次根
I-45/51	55	123	3.0	0.3	121	520	1.1	0.5
I-69/55	43	142	3.2	0.2	112	410	1.0	0.4
I-72/58	41	131	2.9	0.3	130	490	1.2	0.3
I-63/51	50	121	2.5	0.2	100	412	0.9	0.2
I-214	52	210	3.2	0.4	110	591	1.3	0.7

在冬季温度不是太低，土壤不结冻，且土壤墒情较好的地区，也可以在冬季栽植杨树。例如湖南汉寿县，冬季栽植的杨树成活率也很高。但在冬季比较寒冷、土壤冻结、土壤墒情差的地区，切勿在冬季造林。长江以北地区，冬季造林容易失败。

春季为杨树造林的良好时机。无论是南方和北方都可以在春季造林。春季造林的时间也要根据当地的气候和杨树品种而定，例如 I-214、I-45 及某些欧美杨，春季造林时间可以适当早些，在芽萌动前就可以开始栽植，对于那些特性近似南方型，或南方型杨树，例如 I-69、I-72、95、895、1388 等，应该稍迟些，在芽开始萌动时栽植为宜。

(3)浸泡苗木。苗木起运过程中，苗木继续失水，特别根系的失水尤甚。因此在苗木运输过程中要保护好苗木，尽可能使之少失水，到达造林地时，应将苗木放在流动水中浸泡着，当天栽不完的苗木，也应放入水中，切忌扔在田间风吹日晒。

(4)栽植深度。杨树原本是浅根树种，为了使杨树的根系尽可能多地占有土壤容积，增加对土壤中水肥的吸收，杨树必须搬到大塘深栽。大塘深栽的中心问题是深栽，假如土壤条件较好，不挖大塘做到深栽，也不会影响杨树的生长。因此建议杨树入土部分应有 80～100cm，切不可少于 50cm。

(5)植穴灌水。造林时，假如土壤比较干燥，应在植穴内适当灌水，提高造林成活率，尤其是冬春造林季节，土壤十分干旱的地区，或某些年份，这段时间干旱少雨，土壤水分条件差的时候，应对植穴实施灌水。

2. 扦插造林

杨树苗干具极强的生根能力，既可以用以扦插育苗，也可以扦插造林。所谓扦插造林是把插穗按造林的株行距用手工或用机械直接插于已整好的造林地上的造林方法，不需要经育苗、起苗、栽植等工序，因此比较经济。某些比较发达的国家的纸浆材林就是用这种方法。实践证明这种造林方法，杨树幼林最初几年的生长比植苗造林快。

表 5-14 各无性系不同部位扦插造林的生长状况(2 年生)

无性系	栽植造林		扦插造林					
			基部插条		中部插条		梢部插条	
	H(m)	*D*(m)	*H*(m)	*D*(m)	*H*(m)	*D*(m)	*H*(m)	*D*(m)
I-63/51	5.85	6.42	11.72	10.32	11.72	11.10	11.72	10.10
I-69/55	6.07	7.07	12.28	13.2	12.2	12.59	11.35	10.66
I-72/58	5.73	6.58	12.23	11.87	11.62	11.73	12.56	10.29

注：*H*. 树高；*D*. 胸径。

由表 5-14 可见，扦插造林的 2 年生杨树各无性系，无论是基部、中部或梢部插条所长成的幼树其平均高、平均胸径均优于植苗造林，特别是基部和中部的插穗所长成的幼林生长更好。这是由于基部和中部的插穗比较粗壮，养分含量比较充分，原先在皮部形成的根原基比较多。由此可见，扦插造林时必须对扦插材料加以选择，要选择健壮、芽饱满、无病虫害的 1 年生或 2 年生苗干的基部或中部的插穗作为扦插的材料，穗长应比育苗用的插穗稍长，一般采用 40～60cm 长的插穗。

在实施扦插造林时，应对造林地进行耕耙，清除杂草，便于操作。在插穗抽出新枝后，要选留其中健壮的枝条，去掉多余的芽条，并在除草时，勿伤新枝，如在扦插时土壤过分干旱，必要时应灌溉保证成活。

3. 插干造林

杨树也可用插干造林。插干造林是以杨树的苗干，直接扦插于经过整地的造林地上的造林方法。这种造林方法在水肥条件比较好的立地条件上采用，特别是土壤的水分条件较好的地块。造林材料要选择 1～2 年生、高 5～6m 的苗干，或

是1～6年生根桩上萌生的1～2年生的萌芽条为好。这种苗干比较通直，扦插成活后，生长也比较快，可以培育成木材。

插干造林特别应该注意的是扦插的深度，一定要插到接近地下水。就是说，入土部分特别是插干的下端要接近地下水位或是土壤墒情比较好的土壤易于成功。其次，扦插时要用铁钎先打个插孔便于苗干插入，不致插裂下端内部，然后封孔踏实，避免风吹摇动苗干。

六、杨树的萌芽更新

杨树具极强的萌芽能力。砍伐或遭到伤害后，在伐桩截面四周的木质部与皮部之间、基部侧面四周、地表根部以及基部伤口都能产生大量的不定芽。在适宜的条件下，伐桩上产生的这些枝条经人工或自然淘汰保留下来的萌条，都可以形成树干而成林、成材。因此，人们利用这种特性可实行萌芽更新，重建森林。用这种方法既经济，又容易。在杨树培育造纸、刨花板、纤维板及薪炭林时得到了较为广泛的应用。即使是培育胶合板材，如果处理得好，也可应用。

（一）杨树的萌芽更新能力

杨树的萌芽更新能力因树种、伐桩年龄、伐桩直径、伐桩高度以及采伐的时间等不同而有显著的差异。

1. 伐桩年龄与萌芽能力

一般而言，杨树的萌芽能力，与其他具有萌芽能力的阔叶树相近，都是随伐桩林龄的增加而平稳地下降，杨树的这种下降趋势还因其所处林分密度而不同。在较为郁闭的林分中，伐桩萌芽能力随林龄的增加而降低的速度比处在稀疏林分中的伐桩要快，这可能是由于光照的不足所致。至于杨树到多少林龄伐桩失去萌芽能力，众说纷纭，有人认为在20～30年伐桩仍有萌芽能力。根据我们观察，只要伐桩不腐朽，即使年龄更大，它仍然会有萌芽能力，至于老龄伐桩的萌条能否成材，需进一步观察。

2. 伐桩直径与伐桩的萌芽能力

伐桩直径对伐桩萌芽能力的影响与伐桩林龄对伐桩萌芽能力的影响相似，随直径的增加而增加。但这仅仅表现在一定的直径范围，例如20～25cm至一定粗度后，其萌芽能力逐渐下降。据我们对I-69杨的伐桩萌芽试验的结果证明了这点

(表 5-15)。这似乎与 I-69 杨的速生期开始至结束的规律一致。

表 5-15　伐桩直径与萌芽能力

伐桩径级(cm)	萌条总数(条)	平均值(cm)
8～4	32	5.23
16	127	6.35
18	290	6.90
20～22	115	5.47

3. 伐桩高度与萌芽能力

伐桩高度与伐桩的萌芽能力一般来说没有太大的关系。但从幼龄杨树伐桩萌发的情况来看，伐桩高度对萌芽能力(萌芽数量)有一定的影响，呈现出伐桩高，萌条较多的趋势。根据采穗圃留桩苗萌条的数据统计(表 5-16)显示，随树桩高度增加，萌条增加。

但是，所有这些萌条至年终，大部分逐渐死亡，保留下来的仅 1～2 根，且不同高度的伐桩，保留的萌条基本一致，这可能是由于萌条在苗圃地中比较密而发生自然稀疏的结果。

表 5-16　伐桩高度与伐桩萌芽能力的关系

留桩高度(cm)	1.0～1.5	1.6～2.0	2.1～2.5	2.6～3.0	3.1～3.5
平均萌条数(株)	1.9	2.8	3.3	4.1	5.4

4. 伐桩的部位与萌芽能力

如前所述，杨树的萌条主要发生在伐桩截面四周木质部和皮部之间，在这个部位发生的萌条特别多，呈簇状生长。根据统计，这类萌条约占整株伐桩萌条的 55%；伐桩侧面四周也能发生萌条，但数量较少，约占伐桩总萌条的 15%；而地表层下根部萌发的萌条约占总伐桩萌条数量的 30%，显然第一种萌条主要出自不定芽，而后 2 种萌条，则既有出自休眠芽，也有不定芽发生的萌条，都是在采伐后，突然暴露于阳光，受光的刺激而发生萌条。

5. 采伐的季节与萌芽能力

众多的研究结果表明，采伐应该是在植物休眠的季节实施，比如春季和夏季

采伐好，容易产生萌条，萌条比较粗壮，数量也多。萌芽严格地受植株所处生长季节的影响。假如在生长活跃季节采伐，往往在伐桩内及根内缺乏足够的营养物质去助长根系的生长及发育新的植株，并干扰了不断发展着的生理活动，包括内部的激素关系，可能导致降低产生萌芽的能力。

（二）萌条的生长特性与林分的形成

如前所述，在杨树砍伐后，伐桩上会发生很多萌条，特别是在伐桩的截面上，萌条丛生，但所有这些萌条，由于其发生时间的先后以及在伐桩上所处的部位不同，其接触的环境不一致，因此它们的生长势是很不一致的。其中，大量萌条随着时间的推移，萌条间相互竞争，先后被淘汰，仅有少数萌条茁壮成长而形成主干，它们可能是一两根，也可以多达三四根。当然，为了更好适应人们经营的目的也可以加以人工选择，除去较弱多余的萌条，留下比较健壮的萌条，得到更好的生长，而形成萌芽林。

1. 萌芽林的生长

伐桩上的萌条开始生长比较快，自4月在不定芽和休眠芽形成并发育成萌条后，生长十分迅速，平均每天以2.0cm的速度向上生长。至7月上旬，萌条的高生长可达2m多。其生长量占全年生长量的55%～60%。至8月中旬后，生长稍有减缓，这种状况可持续至中旬，然后生长渐趋停止。这种生长过程显然与植苗造林的幼林生长有较大的差别。这主要是萌芽林在它砍伐之前，根系发育比较好，能吸收足够的养分和水分供给萌条生长的需要。另外，与萌条生长同步的叶面积也迅速生长。至8月中下旬，萌条的叶面积达到了最高值(表5-17)。叶面积的增加为萌条在7月中旬至8月中下旬高速生长提供了营养物质，所以萌条在8月中下旬至10月生长量仍然相当大，在这之后，叶面积的增加明显减少，至10月中旬，叶面积呈负增长状态，萌条生长也逐渐停止。

表5-17 单株叶面积生长变化动态

时间	7月3日	7月18日	8月20日	9月10日	9月20日	10月20日
平均单株叶面积(cm^2)	4496.0	19474.4	60929.9	77081.8	80259.5	62220.3
单株叶面积增长量(cm^2)	–	350.1	1247.9	850.2	288.9	–622.6

2. 影响萌条生长量的生理因素

萌条的生长规律固然受遗传因素的影响，但是也受其他一系列因子所影响。

(1) 生长调节物质。生长调节物质在整个萌条生长发育的过程中起到控制调节作用。例如赤霉素对杨树萌条的加长生长有促进作用。Beta 等（1968）报道，内源激素 GA 的浓度与杨树杂种的高生长以及萌条的干重之间呈正相关。在砍伐之后，萌条生长的增加与浓度较高的激素相关。基部芽发育成萌条可能会受到乙烯的存在而阻止。换言之，伐桩中酚类物质含量的减少是萌芽和萌条生长的一个原因，虽然生长调节物质对萌条的发生发展的机理尚未十分清楚，但它对萌条产生的影响作用是客观存在的。

(2) 水分条件与萌条的生长。水分平衡及其相互关系的改变与萌芽植物的复壮有关。水分的分压会降低萌条的生长，因为它简化萌条的几何学结构和增加根茎之比。

(3) 立地条件。这里主要指的是土壤条件，萌芽林的生长与栽植造林或扦插造林的林分一样，它的生长和产量与所处立地条件的优劣关系最为密切。T. W. 丹尼尔、J. A. 海勒姆斯、F. S. 贝克在谈到实施矮林作业法时认为，连续萌芽更新必须具备的条件之一是林地必须非常肥沃，水分供应充足。这样才可能延缓因频繁砍伐而引起地力衰退的进程，是萌芽更新林连续数次砍伐获得成功的根本保证。立地条件差的林地，如不施肥、不灌溉、不改善立地状况，则萌芽更新能力很快衰败，不易成林、成材。

(4) 根系储备营养物质对萌芽林的影响。萌条的产生以及它的早期生长和发展是依靠母树保留部分的碳水化合物和矿质元素的储备。在树桩内的储存物质主要是淀粉、不同类型的糖、脂肪及蛋白质。这些物质主要是在冬季休眠时储存在根中。萌条的生长对储存物质的依赖性时间很短，在发叶至一定数量就很快减少。这些叶子很快就成为光合产物的输出者。这种依赖时间的长短决定于储存物质的消耗及生长后光合作用产物的积累。

(5) 留萌数量对萌芽林的生长影响。一个伐桩保留萌条数量太多，树木根系保存的营养物以及吸收的营养物有限，水分不能集中供给少数生长发育较好的萌条，因而影响保留萌条的生长发育。通过伐桩上不同留萌数量比较试验（表 5-18）可以清楚地看到，留萌越多，无论是平均树高、平均直径以及单株材积的生长越小。另外，留萌数量过多，就不能为每株萌条的树冠发育提供足够的空间，影响保留植株的叶面积生长，对萌条树冠光合作用十分不利，从而也影响了萌条

的生长。特别是胸径生长的影响更为明显，这也是密度效应的表现。因此采用短轮伐期培育各类用材林过程中一定要根据其用途和轮伐的年限，确定萌芽林每个伐桩留萌的数量，才能保证保留萌条的顺利生长成材。

表 5-18 留萌数量与萌条生长的关系

留萌数量	平均高(m)	平均直径(cm)	单株材积(m^3)
1	11.8	13.1	0.07352
2	12.6	11.9	0.06129
3	11.8	10.89	0.04873
4	11.5	10.5	0.04725

(6)萌芽代数对萌芽林的生长影响。萌芽更新这种作业法往往伴随着对立地的完全利用，同时频繁采伐可以带走大量的无机营养物质，从而导致地力的衰退，最终导致萌芽林生长的逐渐衰退(图 5-4)。

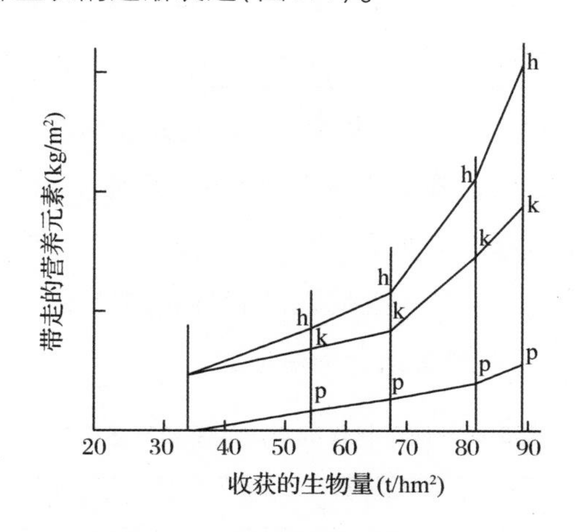

图 5-4 收获的生物量与土壤营养物质消耗的关系

由表 5-19 可见，第 2 代萌条留 1 株时，胸径生长与第 1 代相比，差异较小；留 2～4 株萌条时，胸径生长明显减小，且随着萌条数量的增加，胸径生长减少程度趋明显。但第 2 代萌条的高生长无论留萌数为几根，均比第 1 代大。很明显，这是由于第 2 代萌条可以从老桩获得较多的营养物质和水分。第 2 代砍伐后产生的第 3 代萌条，无论留 1、2 株乃至 4 株的萌条其高生长和胸径生长都比第 1 代小得多，这说明地力有所衰退，因此如采取多代萌芽更新方法生产小径材，必

须加强抚育管理。这种随代数增加、萌芽林生长减退的情况是必然的，因为在每代萌芽林地上部分收获时会带走大量的营养物质，而且收获的生物量越多所带走的营养物质也越多。因此在作业时只收获去叶、枝、皮的干材，伐根以及剩余的枝叶归还给林地，肥力损失程度可以减轻，萌芽林随代数增加而生长减弱的速度会缓慢些。

表 5-19　萌芽代数与生长的关系

留萌数量												
更新	1			2			3			4		
代数	平均高（m）	平均直径（cm）	单株材积（m^3）	平均高（m）	平均直径（cm）	单株材积（m^3）	平均高（m）	平均直径（cm）	单株材积（m^3）	平均高（m）	平均直径（cm）	单株材积（m^3）
第 1 代	13.0	14.9	0.1212	–	–	–	–	–	–	–	–	–
第 2 代	13.5	14.0	0.1040	13.4	12.5	0.0829	13.2	11.2	0.0656	13.7	11.0	0.0612
第 3 代	12.8	13.1	0.0735	12.6	11.9	0.0661	11.8	10.9	0.0487	11.5	10.5	0.0425

萌芽更新的代数不仅影响萌条的生长，同样还会影响成活率。根据 I. Herpka 等(1988)的研究(表 5-20)，美洲黑杨无性系在不同密度的林分，8 年生 4 次轮伐(每 2 年 1 次)，其成活率一年低于一年，其产量从第 1 次轮伐至第 3 次轮伐是逐渐增加，而后则逐渐降低，这一基本规律与我们的试验结果相似。这是由于至第 4 代地力已有所降低，老桩逐渐老化所造成的。

表 5-20　萌芽林代数与成活率和产量的关系

初值密度（株/hm^2）	第 1 代轮伐		第 2 代轮伐		第 3 代轮伐		第 4 代轮伐	
	成活率（%）	产量（m^3/hm^2）	成活率（%）	产量（m^3/hm^2）	成活率（%）	产量（m^3/hm^2）	成活率（%）	产量（m^3/hm^2）
8333	82	28.8	81.6	54.0	71.3	62.5	47.6	33.0
11111	83	32.2	79.1	55.5	64.6	62.5	37.3	31.7
16666	90.9	39.3	74.8	60.5	58.6	68.3	25.9	27.3

(7)萌条发生的部位。G. Stroernpl(1983)研究认为从地表面以下产生的萌条可超过树桩上其他萌条的高度而呈优势萌条，将成为有发展前途、健康有活力的

立木。根据观察，萌条的生长状况与萌芽发生的部位关系十分密切，地面以下发生的萌条，虽然数量并不多，但是其生长最为旺盛，它占所有优势萌条中的54.2%；其次是树桩侧面四周发生的萌条的生长也比较好，它占总优势萌条的24.1%，切口萌条虽然数量很多，但大多长势较弱，几乎大量被淘汰，其中呈优势萌条的数量仅为总优势萌条的21.7%。由此可见，要获得杨树萌芽更新的良好结果，首先应尽量贴近地面砍伐，以迫使产生更多的根茎萌条。另外，在除萌留条的过程中，首先应保留贴近地下萌条，即使它暂时处于次优势地位，也应该加以保留，以确保留下来的萌条形成有前途的林分。

（三）萌芽林的产量

1. 萌芽更新留萌数量与产量的关系

杨树萌芽更新林的产量与每个伐桩上留萌的数量有一定关系，萌芽更新的林分，如任其自然生长，每个树桩能成材的萌条可由1根生至数根。但萌条太多，影响萌条的树高和径生长，特别是影响直径生长。萌条留得太少，就不能充分发挥土地的生产潜力。根据研究(表5-21)可看到，单株生物产量以保留1株萌条的最高，留萌越多，单株生物量越少。然而，单位面积生物量却以留4株的最高，而且4株的平均直径都能达到造纸材的要求。从干、枝的生物量来看，也是以留4株产量最高。由此可见，在采用萌芽更新生产纸浆用材的林分，在第1次、第2次，甚至第3次轮伐后均应多保留几株萌条，例如3～4株，可以比较高地增加单位面积的产量，然而在第3或4次采伐后，保留的萌芽应适当减少。

表5-21　留萌数量与生物量的关系(4年生)

留萌数量	平均高(m)	平均直径(cm)	单株生物量(kg)				单位面积生物量(kg/hm^2)			
			干	枝	叶	总计	干	枝	叶	总计
1	12.8	13.1	20.02	13.1	2.15	40.3	15641	8197.5	1341	25779
2	13.6	11.9	22	8.82	2.10	32.9	27489	12568	2625	42682
3	11.8	10.89	16.7	7.34	1.35	25.4	31316	13771	2531	47618
4	11.5	10.5	17.1	6.1	1.28	24.5	42773	15210	3187.5	61170.5

2. 萌芽代数与产量的关系

采取短周期培育工业用材的杨树，在达到某种工业用材规格并进行收获后，

此时的树桩年龄一般都尚未老化，仍然有萌芽能力，特别是在第 1 次轮伐后，由于立木的根系已发育得比较好，所以采伐后的萌芽更新能力很强，萌芽生长旺盛，其产量高于第1代。假如管理细致，甚至第 2 次、第 3 次采伐后的萌芽林产量都有可能高于第 1 代，以后随着林龄的增加，树桩逐渐老化，地力也逐渐衰退，产量降低(表 5-22)。

由表 5-22 可见，第 1 代，由于栽植时为单株，株行距为 4m×4m，至 4 年生这个阶段，有足够的空间，其生长状况比较好，单株材积比较高，但单位面积的蓄积量并不高。然而第 1 代萌芽林，如前所述，由于树桩的根系发育比较好，往往比第 1 代生长好，其产量也高，这已有很多研究者所证明。

表 5-22　萌芽林代数与产量的关系

更新代数	留萌条数	平均高(m)	平均直径(cm)	每伐桩材积(hm^2)	单位面积材积(m^3/hm^2)
第 1 代	1	13.04	14.9	0.1212	75.75
第 2 代	1	13.48	14.0	0.1040	62.26
	2	13.40	12.5	0.1638	110.16
	3	13.20	11.2	0.1965	130.40
	4	12.70	11.0	0.2447	
第 3 代	1	12.80	13.1	0.0135	45.61
	2	12.60	11.9	0.1229	76.61
	3	11.80	10.9	0.1462	91.37
	4	11.50	10.5	0.1890	118.13

杨树萌芽更新能否成功，决定于杨树的萌芽更新能力，并与品种、伐桩林龄、伐桩粗度、采伐年龄、采伐时间等相关。萌条的生长状况，除受遗传性状的影响外，还与立地条件、品种、萌条发生的部位和时间、采伐季节、每桩留萌数量、轮伐次数等因素有关。产量是衡量萌芽更新是否经济合算的重要指标，这个指标受立地条件、留萌数量、抚育管理等因素所制约。

第六章　杨树人工林的抚育管理

常规的栽培措施给树木生长发育提供的水肥等环境条件总是低于树木生长发育所要求的最适量，所以林木不会达到该树种生物学的最大限度，也就不能发挥该树种最大的生产潜力。因此为了达到造林所要求的理想目标，在人工林栽植之后的精细抚育管理是弥补林木生长最适条件与造林设想之间的差距，从而达到林木生长最好的结果。前面章节我们已经阐述了杨树的生态生理特性，介绍了杨树生长所要求的环境条件，因此应该根据杨树生长对环境的要求，采用各种措施，促进杨树的生长。

杨树是早期速生树种，要尽可能早地创造杨树生长适宜的环境条件，促进杨树早日形成适度的叶面积，并在生长过程中保持适度的叶面积，从而增加光合产物，提高产量。

根据多年来对杨树生长发育过程的研究，对杨树生长有效的抚育管理者施有以下几个方面。

一、杨粮间作

在当前我国社会经济条件下，最有效、最经济的抚育措施是实施林农间作。这一措施，既可以翻耕林地，改善林地的土壤条件，又可减少杂草对土壤水肥的竞争，既经济又简单，便于操作，是一举多得的抚育管理措施。

实施林粮间作，选择作物是首要问题。作物的种类很多，它们的生长发育对环境的要求差别很大。因此在不同造林密度和不同林龄的杨树林分中，作物生长发育和产量差别十分悬殊。必须根据具体情况妥善安排，要能做到既对林木生长有利，又能获得间作作物较高产量，这样才能取得林粮双丰收的效果。

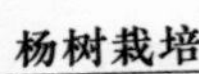

大株行距的林分。例如 8m×8m 或 4.5m×10m 的林分，光照条件恶化的速度来得较迟，因此在这样的林分间作年限较长。根据实践的经验，在杨树栽培后的第 1、2 年，可以与无林地的栽种作物相似，春季作物可种小麦，秋季作物可种大豆或山芋，其收获基本与无林地农田持平。第 3 年春季作物仍可种植小麦，秋季仍种黄豆时，但它的收获有一定影响，特别是秋季作物影响比较明显。到第 4～6 年，春季作物小麦产量明显降低，小麦的质量也降低，淀粉含量少。但在这几年，也可换种其他如蚕豆、油菜，甚至大蒜，作物产量尚可。株行距小的杨树林，第 1 年可间作小麦。小麦收获后可种西瓜，根据了解收益尚可。待林分达到郁闭后，林内光照极大地减弱，种植农作物有困难，可以种植生姜，或在林间培育食用菌，如平菇收益较好。

二、灌　溉

对杨树而言，特别是生长在比较干旱地区的杨树，或土壤自身比较肥沃的或施肥的立地条件上，灌溉能增加土壤肥力的有效性，增加杨树的生长和产量。据有关方面的试验，灌溉可以提高产量 50% 或更多。在长期干旱或地下水位长期低于 2m 条件下，根系不能吸收到地下水的区域，土壤湿度低于田间持水量的 75%～80% 或低于 −0.05～0.1MPa 的区域都应进行灌溉，对杨树的生长都有益。

灌溉水量主要决定于土壤的结构(保水能力)、土壤的排水与持水能力、地形、气候、树木的林龄及栽植的密度。当年扦插造林的幼树及栽植的幼树，特别易于受旱害，避免旱害灌溉措施效果最为明显。

灌溉可以有多种方法，最常见的是漫灌，这是最经济的方法。因为这种灌溉方法无需特殊设备，但这种方法仅限于平坦地和土壤具较好持水特性的土地，且这种灌溉方法浪费水较大，缺水的地方不宜采用。喷灌是一种比较好的方法，但必须要有一定的设备。虽然很多林地很适用，但比较昂贵，一般多用于幼林。除此之外，滴灌是一种最节约用水、比较经济、效果也很好的灌溉方法，但不能在大面积的林地使用。当前有很多国家利用城市污水或造纸厂排放的废液对杨树林实施灌溉效果很好。西班牙利用城市污水灌溉，取得良好的效果。这种方法既省水，比较经济，而且废水中含有丰富的氮和硫，能促进杨树的良好生长。

三、施　肥

速生和丰产是农业和林业的中心问题。提高产量可以通过遗传改良选育速生高产良种以及施加有效的管理措施完成。其中特别是施肥，相关研究都认为施肥促进杨树的生长，其主要原因是施肥促进了单叶面积的增大，从而提高了叶面积指数并能较长时间保持叶面积。不仅如此，改善营养状况还能改善茎根的比例，降低细根的死亡率，从而改善了林木对营养元素的吸收，促进杨树的生长，增加产量。因此，施肥是提高杨树生产力的重要管理措施。特别是在我国，可供发展杨树造林的立地条件往往都比较差，若不及时施肥，难于培育大材，提高产量。江苏睢宁县、宿迁、泗阳等在黄河古道两边的大量砂土地栽植的杨树就是例证。最初几年，由于土壤的翻耕、深栽、间种等措施的加强，生长尚属正常。但是在4～5年后，林冠郁闭，间作停止，这种立地条件上生长的杨树表现出后劲不足，生长几乎停止，更难于培育成大材。

众所周知，杨树对氮、磷、钾肥有比较高的需求，根据对江苏睢宁林业科学研究所4种杨树无性系的研究表明，杨树的光合速率与上述3种元素含量的相关系数分别为0.8353、0.7916和0.9402，这充分说明，土壤中缺乏上述元素光合作用受到抑制。干物质的生产和积累就减少。在幼林萌发之后，杨树进入速生阶段(5、6月)前，单株杨树各施剂量100～200g硝酸盐，以后每年施2500g的全肥。若大面积撒肥，施肥剂量为过磷酸盐300～600kg/hm^2，专用钾肥300～400kg/hm^2，硝酸盐肥300～500 kg/hm^2，或单株施全肥600～1000g。

对于实施多次萌芽更新培育纤维或纸浆用材的林分更需加强施肥和灌溉。因为这种林分，经多次采伐所带走的营养元素随采伐次数的增加而增加，致使原来贮存在土壤中的营养元素越来越贫乏，因而影响以后萌芽林的生长和产量，从Daniel Auclair的试验结果可清楚地显示这一结论。

林地施肥可以从栽植前直至采伐前都可以。栽植前施肥每穴施入一定量的农家肥或复合肥250g磷肥，也可以施磷酸盐250～300g，钾肥30～150g。施肥时，应将化肥与土杂肥和穴内的土壤搅拌均匀，有益于生根发芽。

根据杨树生长情况加施化肥时，如林地内种有绿肥，可以对每株杨树追施10～15kg绿肥，则效果更好，可改良土壤的理化性状。

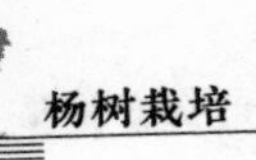

四、修　枝

林木的生长主要靠叶子光合作用产物的积累。树冠截留阳光的数量在很大程度上决定于叶子在枝条上的排列和树冠内叶的密度。不论是在农业上或育林过程中，总生物量的生产总量是和总叶面积密切相关的。植物生产中两个最大的限制因子是获得适度叶面积积指数所需的时间和保持适度叶面积的能力。

杨树生长有成层性的特点，而且在幼林阶段，杨树的枝条大量集中在树冠的中下部，这时下部枝条受光状况还是比较好，即这部分枝叶还是能够正常地进行光合作用，制造养分。如这时修枝过度，大量的有效叶面积被修去，将会影响杨树生长。因此我们认为如用大苗造林，苗高在5~6m以上，3年之内不修枝是合理的。3年后，林分逐渐郁闭后下部枝条受光条件恶化，此时主干6m处的直径达到10cm以上时进行修枝，把无侧枝主干再提高3~4m，这不仅不会影响杨树的生长，而且可以培育较高的无节良材。假如用小苗造林，修枝要适当提前，但修枝也决不能过度，主要修去竞争枝或两叉枝，最多修去树冠下部的1/3，不致影响杨树的生长。

修枝不是简单地修去部分枝条，修枝的目的是改善主干的质量，提高木材的等级，因此修枝的方法要正确，要贴近主干，修去侧枝，不能留桩，不能伤及主干，不能折裂树皮。

修枝要掌握好时期。修枝时间以5月(初夏)为好，这时修枝主干伤口处的萌条发生少，也易愈合。据观察，修枝后1个月内修枝处伤口基本愈合。

五、补　植

杨树造林，由于苗木质量、栽植技术及外界条件等不良因素的影响，造林往往有部分幼树死亡。当死亡株数达到一定程度应该进行补植，成活率低于20%左右，应该重造。补植必须按原定的株行距，所用苗木规格最好与幼林一致，不能用小苗，因为杨树生长快，用小苗补植往往使补植幼树永远处于落后状态，不易成林，影响林相和产量补植的季节应在早春，或选当地有利成活的雨季。

六、截　干

杨树造林从起苗、运输、栽植等一系列过程中，往往由于某一环节操作的疏

忽大意，致使栽植后幼树发生枯干、枯梢，以致死亡，这是经常发生的现象。为了避免发生这种情况，在杨树栽植后应该做好以下几件事：

（1）栽植后必须对新栽幼林注意观察，是否有歪倾倒的幼树，如发现这种现象，往往是由于栽植时没有踩紧踏实，或是由于遭到大风吹袭，应该及时扶正踩实，防止失水枯死。

（2）经常检查刚栽幼林的树皮和冬季的颜色是否正常，如发现树皮皱缩，色泽不正常，说明栽植的幼林失水，可能会影响成活，应及时截干处理。即平地面把幼树地上部分截去，待地下部分重新发芽抽枝，形成新的主干，并做好去除多余萌条工作。

第七章　杨树常见虫害及防治

杨树害虫种类较多，据调查我国有200余种。其中，严重危害杨树的有地老虎、蛴螬等苗木地下害虫；有舟蛾、毒蛾、尺蛾、刺蛾、织蛾、卷蛾与叶甲等叶部害虫；还有蚧虫、天牛、透翅蛾等枝干害虫。

一、苗木地下害虫

(一)地老虎类

地老虎是鳞翅目夜蛾科地根夜蛾亚科一些种类幼虫的总称，俗称地蚕、地根虫和土蚕等。最为常见的是小地老虎(*Agrotis ypsilo* Rottemberg)和大地老虎(*Agrotis tokionis* Butler)。

小地老虎广布全世界，我国以雨量丰富、气候湿润的长江流域及东南沿海各省发生较多。大地老虎分布较狭小，国内南北方皆有发生，而以南方较多。

地老虎的食性很杂，均以幼虫为害苗木，1～2龄时不入土，多群集在杂草或幼苗的顶心和嫩叶上咬食叶片，呈半透明斑或小洞，龄期渐大，幼虫昼伏土中，夜出活动为害，从地面将苗木幼茎咬断，然后将幼苗拉入土中取食，这是地老虎为害的重要特征。

1. 形态识别(图7-1)

这两种地老虎成、幼虫的主要识别特征是：小地老虎前翅亚基线内、外横线及亚外缘线均为明显的双条曲线。在肾状纹的外侧有一个尖端指向外缘的三角形黑色剑状纹，亚外缘线上有2个尖端指向内的三角黑色剑状纹。而大地老虎前翅亚基线内，外横线均为明显双曲线；中横线、亚外缘线不明显，在肾状纹外侧有1个不规则的黑色斑纹。小地老虎幼虫臀板黄褐色，有2条深褐色纵纹；大地老

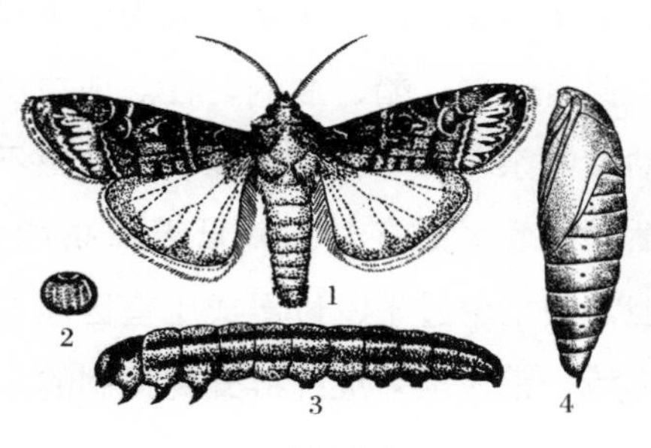

小地老虎
1.成虫　2.卵　3.幼虫　4.蛹

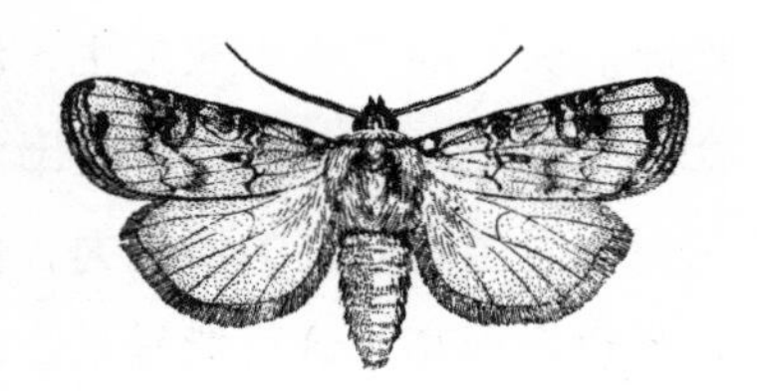

大地老虎

图 7-1　2 种地老虎形态特征(李成德，2004)

虎幼虫臀板整块深褐色。

2. 主要习性

小地老虎每年发生代数因地而异，黄河以南至长江两岸 2～4 代，长江以南 4～5代。在江浙一带，越冬代成虫一般从 3 月上中旬开始出现，成虫发蛾和产卵盛期在 3 月下旬。成虫白天潜伏，晚间活动，以夜间 7：00～10：00 时飞翔、取食、交尾活动最盛，成虫飞翔力强，有趋光性和趋化性，对黑光灯有强烈趋性，对糖、醋、蜜、酒等香、甜物质特别嗜好。成虫补充营养 3～4 天后交配产卵，卵散产于杂草或土块上，每头雌虫产卵 800～1000 粒。

小地老虎 1 年中，以第 1 代幼虫在春季发生数量最多，为害最重。4 月下旬出现第 1 代幼虫，为害盛期一般在越冬成虫发蛾盛期后 10～15 天。幼虫共 6 龄，1～2 龄群集于幼苗嫩叶处昼夜取食，3 龄后分散为害，白天潜伏于苗根部附近的表土干、湿层之间，夜出咬断苗茎，拖入土穴内供食；当苗木木质化后，则改食梢和叶片，有假死性和互残性，如遇食料不足则迅速爬行，迁移扩散为害。幼虫老熟后潜入 5～6cm 深的土中，旋转身体筑成土室，在土室内化蛹。

大地老虎全国各地 1 年均发生 1 代，以 3～6 龄幼虫在杂草丛或土中潜伏越冬。北京翌年 4 月中下旬开始活动危害，越冬后的幼虫，由于虫龄较长，食欲旺盛，是全年危害最严重时期。6 月份以老熟幼虫在土中 3～5cm 处筑土室越夏，越夏期长达 90 多天；8 月下旬开始化蛹，9 月中旬成虫开始羽化，10 月上旬开始产卵，10 月下旬进入越冬期。南方于 3 月中旬至 4 月上旬成虫开始活动危害，

5～6月以老熟幼虫进行夏眠。夏眠后，虫体即在土室内化蛹。成虫白天静伏杂草间或枯叶上，夜出活动，趋光性不强，但有趋糖、醋、酒的习性。成虫交尾后次日即可产卵。卵一般产于土表或生长幼嫩的杂草茎叶上。4 龄以前幼虫不入土蛰居，4 龄以后幼虫伏于土表下，夜出活动觅食。越冬幼虫对低温抵抗能力很强。越夏幼虫对高温虽有较高的抵抗力，但常因土壤过干、过湿或土室因耕翻等操作所破坏，死亡率很高，这可能是长江流域一带大地老虎种群受到抑制的原因。

3. 防治措施

防治地老虎，应采取预防为主，加强虫情监测，以第 1 代为重点，将幼虫治除在初发期或 3 龄以前的策略，具体措施：

(1)土壤处理。苗床做好后，每亩用乙酰甲胺磷或 3% 杀星(辛硫磷)500～1000g 或用 2.5% 敌百虫粉剂 1000～1500g 与 30 倍细土或细粪拌匀，撒施于土表，然后翻入土中。

(2)清除杂草。杂草是地老虎的产卵寄主和初龄幼虫的食料，故清除圃地及附近杂草可消灭越冬代成虫产卵场所和第一代幼虫的食料来源，也可防止杂草上的幼虫转移到林木幼苗上为害。

(3)利用地老虎成虫趋光、趋化习性诱杀成虫，在羽化期用黑光灯引诱成虫，既可诱杀，又可监测虫情进行测报，还可以在苗圃地及周围设置糖醋液(配比为：糖或山芋 6 份、醋 3 份、白酒 1 份、水 10 份、加敌百虫 1 份)诱杀成虫。可有效压低第 1 代虫口。

(4)利用幼虫喜食杂草的习性诱杀幼虫。在林木出苗前后，清除圃内杂草，然后用 90% 敌百虫 1kg 加 5～10kg 温水溶化后，拌新鲜多汁的杂草 100kg，于傍晚撒于苗圃地上，每亩撒 15～20kg，或堆成长 70cm、宽 20cm、高 15cm 的草堆，可诱杀 3 龄以上幼虫。

(5)药剂防治用 90% 敌百虫、75% 辛硫磷乳油 1000 倍液喷于幼苗或四周土面上，也可在苗床上开沟或打洞将药液浇灌到土中毒杀幼虫。

(6)人工捕捉。因地老虎幼虫为害特征明显，在清晨检查苗圃地苗木，如发现新鲜被害状，则在苗株附近挖土捕杀幼虫。

(二)蛴螬类

蛴螬是鞘翅目金龟类幼虫的总称。这类害虫除少数腐食性种类外，60% 为植食性。在林业上为害严重的有20余种，主要有华北大黑鳃金龟(朝鲜黑金龟)[*Holotrichia diomphalia* (Bates)]、暗黑鳃金龟(*H. parallela* Motschulsky)、黑绒鳃金龟(*Maladera orientalis* Motschulsky)和铜绿丽金龟(*Anomala corpulenta* Motschulsky)等。

金龟子种类很多，其分布除有偏北方或偏南方种差异外，有些种类南北方均有分布。其中，华北大黑鳃金龟分布最广(北起黑龙江，南至江苏、浙江，西到陕西等地)，为害最重。为害大致可分为：①以幼虫(蛴螬)为害为主，如华北大黑鳃金龟的幼虫在土中食害萌发的种子。啃食苗木根基部皮层，咬断取食主、侧根，造成缺苗、死苗。②主要以成虫为害，如黑绒鳃金龟，其成虫为害早春苗木刚发出的嫩叶，严重时可将苗木叶片吃光。③成、幼虫均为害，如铜绿丽金龟。

蛴螬为害林木幼苗造成的症状和辨别方法是：①苗床上萎蔫苗木呈团、块状分布；②萎蔫苗木用手轻轻即可拔出；③拔出的苗木主、侧根切口整齐，或根基部皮层被啃食。

1. *形态识别*

主要常见种类识别特征描述见表7-1。

表7-1 四种金龟子形态常用区别特征

种类特征	华北大黑鳃金龟	暗黑鳃金龟	黑绒鳃金龟	铜绿丽金龟
幼虫体长(mm)	31～35	18～25	14～16	23～25
幼虫腹部末节腹面毛区(肛腹毛)	肛腹毛为钩状，毛列向四周作放射状排列，约占末节腹毛区的1/2(图7-2)	肛腹毛为钩状，毛列向四周作放射状排列，约占末节腹毛区的2/3	肛腹毛的20～23根刺组成孤行横带，钩状毛区的前缘呈双峰状	肛腹毛有2种，其前方中央有两列相对的针状刚毛14～15对，其四周有钩状毛不规则排列
成虫	黑褐色，有金属光泽(图7-2)	体长16～22cm，长椭圆形，初羽化时红棕色渐变为红褐色、暗褐色；有灰蓝色闪光	体长8～9mm，卵圆形，形体黑褐色，密被灰黑色绒毛，具光泽	体背铜绿色(绿中泛锈红)。有金属光泽

2. *主要习性*

金龟子的主要种类生活习性大致相似。

(1)世代与越冬。金龟子的发育时间均较长，完成一个世代需经1～6年，如暗黑鳃金龟、黑绒鳃金龟、铜绿丽金龟1年完成1代；东北大黑鳃金龟2年完成

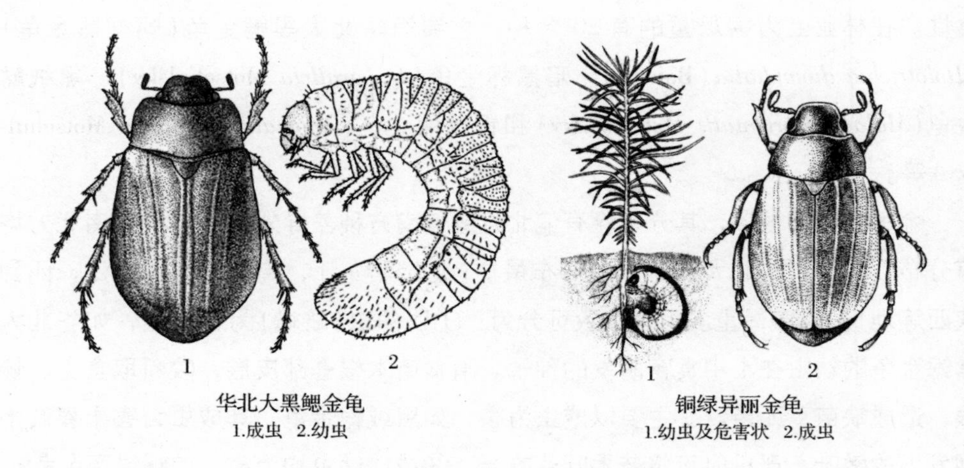

图 7-2 几种金龟子的区别特征

1 代；大云鳃金龟（*Polyphyl lalaticollis* Lewis）要 3～4 年 1 代，大黑鳃金龟（*Holotrichia oblita* Faldermann）要 6 年 1 代。需多年 1 代的种类，前几年以幼虫越冬，最后 1 年以成虫越冬；1 年 1 代者，以幼虫或成虫越冬。

（2）幼虫习性。无论生活史长短，金龟子幼虫均只有 3 龄。初孵幼虫先取食腐殖质，随后虫体渐增才开始啃咬植物的幼嫩芽、根。蛴螬在土壤中的位置，随着季节气温变化作周期性的升降移动。

（3）化蛹与羽化蛴螬发育至 3 龄老熟后，在 20～30cm 深的土层内作土室化蛹，蛹期一般为 15～30 天。成虫羽化时间及出土持续时间因种而异，羽化早的种类当年出土，一些较晚的种类羽化后寒冷季节已到，当年不出土，以成虫在蛹室内越冬。

（4）成虫习性。多数种类成虫在黄昏或夜间活动，少数白天活动，如小青花金龟等食花类。夜间活动种类一般具有趋光性和假死性。出土成虫大多需要补充营养，以乔灌木树叶、嫩芽、花为食，性成熟后，即在其取食场所附近土壤中产卵。

3. 防治措施

（1）预防措施。首先，对选作苗圃的用地，应进行土壤调查，若调查结果蛴螬的虫口密度高时，需进行土壤处理。处理方法：可用 3% 敌百虫粉每亩 1500～2000g 或 5% 辛硫磷颗粒剂 2500g 加细土 25～50kg 充分混合后（也可使用毒死蜱、

二嗪磷颗粒剂，具体使用参照说明），均匀撒于床面上，或直接喷撒在床面上，再翻下土中，毒杀土中蛴螬。其次，供作苗圃用地，在冬季前要深耕、深翻，可增加蛴螬的越冬死亡率。再次，施入苗圃的基肥一定要充分腐熟，以减少金龟子成虫产卵。

(2)成虫期利用成虫的假死性和趋光性进行防治。在成虫出土期，可人工震落捕杀和用黑光灯诱杀。在成虫补充营养寄主树上喷洒90%晶体敌百虫800～1000倍液、80%敌敌畏乳油1000～1500倍液、绿色威雷300～500倍液，均有良好的防治效果。药剂诱杀，在成虫盛发期，可用成虫嗜食的蓖麻和杨树枝叶加农药来诱杀成虫。具体做法是：剪取新鲜的蓖麻、杨树等枝叶，放入90%晶体敌百虫200倍液中浸湿后，于傍晚17：00左右插入苗圃地中，每亩5把，每把间隔10～15m。

(3)蛴螬防治措施。药杀：在苗木生长期发现有蛴螬为害时，可用50%辛硫磷乳油、毒死蜱、二嗪磷等农药1000～1500倍液，在苗床上开沟或打洞灌溉根际毒杀蛴螬。灌杀：利用蛴螬不耐水淹的特点，可在每年11月前后冬灌或5月上中旬适时浇灌大水，保持一定时间，水久淹后，蛴螬数量会明显下降，可减轻为害；药液灌根：苗木出土后，若蛴螬大发生可用敌敌畏乳油、50%对硫磷乳油1000倍液灌根杀虫。

二、叶部害虫

(一)杨尺蠖

杨尺蠖(*Apocheima cinerarius* Erschoff)，又名春尺蠖、沙枣尺蠖。此虫发生期早，幼虫发育快，食量大，常暴发成灾。轻则影响林木生长，严重危害时引起枝梢干枯，树势衰弱，导致蛀干害虫猖獗发生，引起林木大面积死亡。

1. 形态识别

成虫雌蛾体长7～19mm；无翅，体灰褐色，复眼黑色，触角丝状，腹部各节背面有数目不等的成排黑刺，刺尖端圆钝，腹末端臂板有突起和黑刺列。雄蛾体长10～15mm，翅展28～37mm。触角羽毛状，前翅淡灰褐色至黑褐色，从前缘至后缘有3条褐色波状横纹，中间一条不明显。

幼虫体长22～40mm。老龄幼虫灰褐色，腹部第2节两侧各有1个瘤状突起，

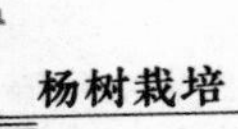

腹线均为白色。气门线一般为淡黄色。

2. 生活习性

1 年发生 1 代，以蛹在树冠下土中越夏、越冬。翌年 2 月底 3 月初，当地表 5 ~ 10cm 深处温度在 0℃左右时，成虫开始羽化出土，3 月上中旬见卵，4 月上中旬幼虫孵化，5 月上中旬老熟幼虫入土化蛹，预蛹期 4 ~ 7 天，蛹期达 9 个多月。

成虫一般多在傍晚 19：00 左右羽化。雄蛾具有趋光性，多在夜间活动，白天静伏在枯枝落叶和杂草间，已上树的成虫则藏在开裂的树皮下，树干断枝处、裂缝以及树枝交错的隐蔽处。成虫白天有明显的假死性。成虫多在黄昏至 23:00 前进行交尾，交尾后立即寻觅产卵场所。卵多产在树干 1.5m 以下的树皮裂缝中和断枝皮下等处，10 余粒至数十粒聚产成块。每头雌蛾最多可产卵 300 余粒。卵期 13 ~ 30 天。卵孵化率近 80%。幼虫 5 龄，幼虫期18 ~ 32 天。5 月中旬前后，老熟幼虫陆续入土，入土后分泌液体，使四周土壤硬化而形成土室，在内化蛹。蛹以树冠下分布较多，占总蛹数的 74%，而以在树冠下比较低洼地段的蛹数最多。蛹入土深 1 ~ 60cm 深处最多。越夏及越冬蛹的自然死亡率为 6% ~ 9%。

3. 防治措施

(1) 灭蛹。在其蛹越夏、越冬期间，可深翻林地，将蛹锄死或翻于地表，集中杀死。

(2) 灯光诱杀雄成虫。利用雄成虫的趋光性，在有条件的地方可设置黑光灯诱杀雄蛾，并测报虫情。

(3) 阻杀无翅雌成虫。撒毒土：在树干基周围挖深、宽各约 10cm 环形沟，沟壁要垂直光滑，沟内撒毒土(细土 1 份混合杀螟松 1 份)。涂扎阻隔毒环：20% 杀灭菊酯乳油 50 倍液或 2.5% 溴酯氰菊酯 33.3 倍液，用柴油作稀释剂，将制剂在树干 1m 处喷涂成闭合环，或用 20% 杀灭菊酯或 2.5% 溴氰菊酯和柴油，以 1:20配比稀释，将宽约 5cm 的牛皮纸浸入，取出晾干后，于上述树干高度围毒纸环。也可用宽胶带围一环，胶带环上下喷 100 ~ 200 倍液的绿色威雷触杀剂，这些方法对羽化后无翅雌成虫上树均有良好的毒杀效果。

(4) 药剂防治。幼虫为害时，对低矮幼茎干可用机动喷雾器喷洒菊酯类杀虫剂 2000 ~ 3000 倍液。对高大树木，参照防治草履蚧方法用打孔注药法毒杀。

（二）舟蛾类

舟蛾是一类种类众多的重要食叶害虫类群，是目前我国杨树人工林最主要的食叶害虫。常给杨树带来严重危害的有：杨小舟蛾（*Micromelalopha troglodyta* Graeser）、杨扇舟蛾（*Clostera anachoreta* Fabricius）、分月扇舟蛾（*Clostera anastomosis* L.）和杨二尾舟蛾（*Cetura menciana* Moore）等。因杨树舟蛾发生世代多，大龄幼虫有暴食习性，故轻则影响杨树生长和产量，重则2～3天可将杨树叶全部吃光，给我国各地防护林、平原绿化护田林及杨树产业化与生态环境带来严重威胁，并造成重大经济损失。

1. 形态识别（图7-3）

常见识别特征描述见表7-2。

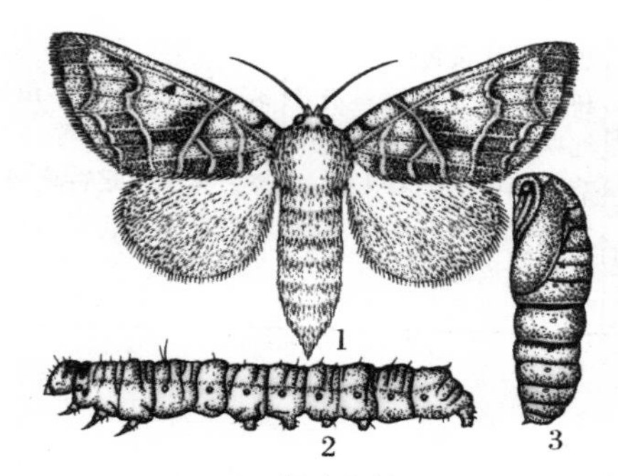

杨小舟蛾
1.成虫 2.幼虫 3.蛹

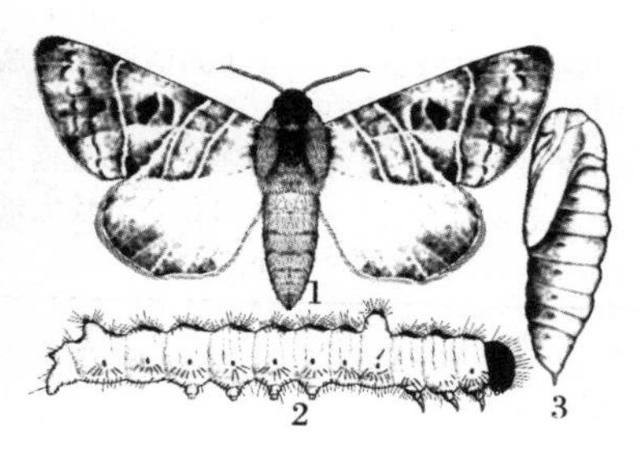

分月扇舟蛾
1.成虫 2.幼虫 3.蛹

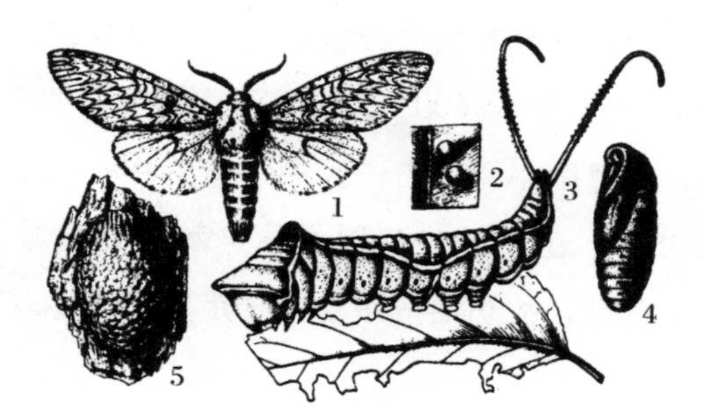

杨二尾舟蛾
1.成虫 2.卵 3.幼虫 4.蛹 5.茧

图7-3 几种舟蛾形态特征（李成德，2004）

表 7-2　几种舟蛾形态识别特征

		杨小舟蛾	贝扇舟蛾	分月扇舟蛾	杨二尾舟蛾
成虫	体翅	颜色变化较多黄褐色至暗褐色	灰褐色	灰褐色	头胸部灰白带紫褐色，腹背黑色
	前翅	3 条灰白色横线，外横线波浪状	4 条灰白色波状纹，顶角有一褐色扇形斑，外衬 2～3 个黄褐色带锈红色的圆斑点，扇形斑下方有一较大黑点	3 条灰白横线，顶角附近略带棕黄色，扇形斑红褐色，较模糊。中室外端有一圆形褐斑，斑中央被 1 条灰白色线分为两半。亚外缘线由一列褐色斑点组成	灰白微带紫褐色，翅基部有 3 个黑点，外缘线由脉间黑间组成
幼虫	体色	多变	头黑褐色，背部灰黄绿色	头褐色，体暗褐色	头褐色，体叶绿色
	带、瘤	体侧各具一条黄色纵带，以腹部第一和第八节背面的肉瘤最大，呈灰色，上生短毛	体侧有灰褐色宽带，每节上着生环状排列的橙红色瘤 8 个，上生长毛，腹部 1、8 节北面中央和有一个较大的枣红色瘤	亚背线鲜黄色，中后胸和腹部 2 节背面各有 2 红褐色瘤，腹部第 1、8 节学面中央各有 1 大的黑色瘤，上有 4 个黑色馒头状毛瘤	第一胸节背面三角形向上形成峰突，背有一紫红色斑，腹末臀足特化成 2 个可向外翻缩的长尾角

2. 生活习性

几种舟蛾发生世代、越冬虫态与场所及各代成、幼虫出现时间见表 7-3。舟蛾成虫羽化后一般不需要补充营养，不活跃，白天隐伏，到黄昏或夜间飞翔觅偶交尾，卵多次散产或成块产于嫩叶背面或枝条上。成虫有趋光性和假死性。繁殖能力不太强，1 头雌蛾一般可产卵 100～500 余粒；幼虫一般有 5 龄，3 龄以前大多群栖叶背剥食叶肉，食量很小，仅占一生中食量的 4%～5%；3 龄以后其食量剧增，约占全食量的 95% 以上，其中又以最后 1 龄的食量最大，约占全食量的 85% 以上。根据幼虫此食性，故防治舟蛾幼虫一定要在 3 龄以前进行。

表 7-3 几种舟蛾各代成、幼虫在江苏省出现时期

种类＼项目	世代	越冬虫态与场所	幼虫出现盛期	成虫出现盛期
杨小舟蛾	5～6 代（徐州）	以蛹在树干基周围的枯枝落叶和地表 2cm 内的土层中	第 1 代：5 月上中旬 第 2 代：6 月中下旬 第 3 代：7 月中旬 第 4 代：8 月上中旬 第 5 代：9 月上中旬	越冬代：4 月下旬 第 1 代：6 月上中旬 第 2 代：7 月上中旬 第 3 代：7 月下旬、8 月上旬 第 4 代：8 月下旬、9 月上旬
杨扇舟蛾	2 代（东北） 3～4 代（华北） 5～6 代（华东华中） 8～9 代（海南）	以蛹为落叶内、树干皮缝中、地被物和表土内	基本同上	与上基本相同
分月扇舟蛾	1 代（东北） 6～7 代（江苏、浙江、上海） 7 世代（湖南）	东北 3 龄幼虫结茧在枯枝落叶层内越冬；上海以卵在枝干上越冬，少数以 3、4 龄幼虫和蛹越冬	6～11 月，1 代/月	世代不齐
杨二尾舟蛾	2～3 代（长江以北） 3～4 代（长江以南）	以蛹在树干基部或树皮裂缝内结茧越冬	第 1 代：5 月上中旬 第 2 代：7 月中旬 第 3 代：9 月上中旬	越冬代：4 月下旬、5 月上旬 第 1 代：6 月下旬 第 2 代：8 月下旬

3. 防治措施

（1）切实做好虫情监测和预报。杨树舟蛾具有世代多、繁殖量大、大龄幼虫暴食和防治困难的特点，且常易猖獗成灾。故各地必须落实好各级测报，做到专职技术人员与兼职护林测报员相结合，定点、定时进行虫情动态监测，及时 准确预报各代发生期、发生量，这是前提和关键。

（2）人工杀灭越冬蛹。在全面、准确掌握第 5 代幼虫发生地点、面积及越冬前后蛹密度的基础上，利用冬、春季节开展人工灭蛹工作，对降低翌年发生基数，减轻虫害发生程度是事半功倍的措施。

（3）要治早、治小。对越冬蛹密度大的林地，要密切监测虫情动态，对其第 1、2 代幼虫发生数量进行调查，发现有成灾可能的林分，应在幼虫 3 龄以前进行防治。具体方法：对较矮的幼树，用 25% 灭幼脲 1500 倍加 2.5% 溴氰菊酯乳油 3000 倍液，或用 4.5% 高效氯氰菊酯微乳剂 1500～2000 倍等机喷，药械可用 3MF-4 弥雾机等。对树高超过 10m 的大树，可采用打孔注药毒杀，先在杨树胸径处用打孔机打孔(或在根基部打孔直接注射)，然后用乙酰甲胺磷或40%氧化乐果乳油1:1浓度，胸径每1cm注1mL药剂。此法杀虫效果好、安全，对天敌和环境副作用小，并可兼治其他刺吸类害虫。

(4)生物防治。在防治第1、2代幼虫以后，同时进行下一代卵期生物防治。杨树舟蛾的卵寄生蜂主要有舟蛾赤眼蜂、松毛虫赤眼蜂、黑卵蜂等。放蜂时间：第1代卵盛期放蜂1~2次。第2代卵始见期至盛期再放蜂3次。放蜂量：在低虫口下放3万~5万头/亩，虫口较高的放5万~10万头/亩。每次放蜂量比例：卵发生初期放总量的20%左右，卵盛期放总量的70%，卵盛末期放总量的10%左右为宜。杨树舟蛾世代多，第2代开始出现世代重叠，第3代后林间世代重叠现象更为普遍，有利于卵寄生蜂的自然增殖。在其第1代卵盛期放1~2次蜂，让其在林间自然增殖，保持一定的种群数量；第2代卵期人工再补充放蜂3次，可进一步提高放蜂效果，发挥其持续控制作用，达到第3、4代有虫无灾的目的。

对杨树舟蛾害虫的除治，必须以虫情预测预报为基础，重点人工杀灭越冬蛹，抓住第1、2代虫源地的幼虫防治，压低虫口，加上卵期人工释放寄生蜂等措施综合科学协调运用，完全可以把杨树舟蛾控制在经济允许水平之下。

(三) 刺蛾类

刺蛾又名洋辣子、刺毛虫，杨树上常见种类为黄刺蛾[*Monema flavescens* (Walker)]、褐刺蛾[*Setora postornata* (Hampson)]、扁刺蛾[*Thosea sinensis* (Walker)]和褐边绿刺蛾(*Latoia consocia* Walker)等。

刺蛾是一类经常发生于林带、行道树、庭园树木及果树的重要害虫，食性杂，能危害多种阔叶乔灌木。其小幼虫常群集啃食树叶下表皮及叶肉，形成圆形透明斑；3龄后分散为害，取食全叶，仅留叶脉与叶柄，严重影响林木生长及果实产量，甚至使树木枯死。幼虫身上的枝刺触及人体，会引起红肿和灼热剧痛，重者会引发皮炎。

1. 形态识别

形态识别特征描述见表7-4和图7-4。

表 7-4 几种刺蛾常见识别特征

虫名 虫态	褐刺蛾	黄刺蛾	扁刺蛾	褐边绿刺蛾
成虫	体灰褐色，前翅前缘基部和离翅基 2/3 处向臀角各伸出 1 条深色孤线，呈“V”形	体黄色，前翅内半部黄色，外半部褐色，近顶角处有 2 条褐色斜线伸向内缘，内面一条伸到中室下角，是翅面褐色与黄色的分界	体暗灰褐色，外横线暗褐色，自顶角处向后斜伸到后缘中央前方；雄前翅中室上有 1 黑色圆点	头胸粉绿色，前翅翠绿色，翅基有一个放射状褐色斑，外缘有两头大中间凹的灰黄色斑
幼虫	背线蓝色，亚背线有黄和红两种色，黄色型枝刺黄色，红色型枝刺红色，中后胸部及腹部 1、5、8、9 节上的枝刺发达	头、体黄绿色，体背面有一个前后宽中间狭的哑铃型紫褐色斑	体扁、椭圆，背部稍隆起，全体翠绿色，背线白色	背线黄绿至浅蓝色，亚背线浅黄色。中胸至第 8 腹节各有 4 个瘤突，上有棕色毛丛，腹末背部有 4 个蓝黑色球状毛丛
茧	椭圆形，灰褐色，表面有褐色点纹，多在树基周围表土层	椭圆形，坚硬光滑灰白色，具黑褐色长短不等纵纹，似雀蛋，多在小枝分叉处和小枝干	近圆形，黑褐色，结茧于浅土中	卵圆形，棕褐色，外被毛，结于树干基部或树基周围浅土中

刺蛾成虫体粗短，翅上鳞毛厚；幼虫头小，常缩回于前胸下，体短粗肥。胸足小，腹足退化，体上生有枝刺。

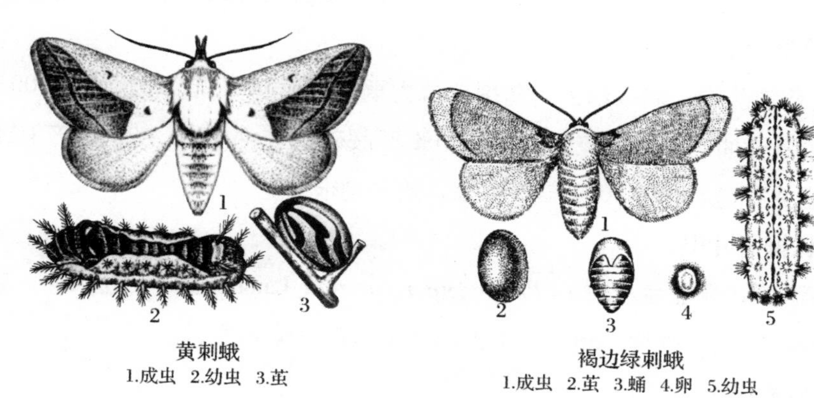

黄刺蛾
1.成虫 2.幼虫 3.茧

褐边绿刺蛾
1.成虫 2.茧 3.蛹 4.卵 5.幼虫

图 7-4 几种刺蛾形态特征

2. 生活习性

刺蛾在长江流域以南地区，1 年发生 2 ~ 3 代，均以老熟幼虫在茧内越冬。

在江、浙地区，越冬幼虫于4月下旬至5月上中旬化蛹，5月下旬至6月上中旬成虫羽化。成虫羽化多在傍晚，白天静伏于树冠或杂草丛中，夜晚活动，有趋光性。成虫多在夜晚交尾，翌日产卵，卵散产（扁刺蛾）或鱼鳞状排列块产（褐边绿刺蛾），每年雌虫产卵50～300多粒。卵期5～8天，多清晨或白天孵化。初孵幼虫多不取食或仅食卵壳，2龄幼虫先取食树叶下表皮。4龄幼虫取食全叶，幼虫期约1个月，老熟幼虫从树干爬行下树或直接坠落地面，经短距离爬行，入土1cm左右结茧，8月第1代成虫羽化；8月下旬至9月下旬，第2代幼虫取食为害；10月上旬第2代幼虫老熟，落地入土结茧越冬，黄刺蛾等在小枝或树干上结茧越冬。

3. 防治措施

（1）消灭越冬虫茧。刺蛾越冬期长达7个月，可根据不同种类刺蛾的结茧地点，采用采摘、敲击、挖掘虫茧，并挖深坑埋杀，可有效地减少虫口密度。

（2）杀灭初龄幼虫。人工摘除群集为害的小幼虫，刺蛾小幼虫多群集为害，叶片上白膜状为害特征，可以摘除消灭。

（3）杀治老熟幼虫。老熟幼虫入土结茧爬行，清晨在树下检查，见幼虫就杀灭，可以减少下代虫口密度。

（4）灯光诱杀成虫。大多数刺蛾成虫有趋光性，在成虫羽化期，设置黑光灯诱杀，效果明显。

（5）药剂防治。刺蛾幼虫对药剂抵抗力弱，可喷90%晶体敌百虫1000倍液、80%敌敌畏乳油、50%辛硫酸乳油、25%亚胺硫磷乳油1500～2000倍液或用拟除虫菊酯类农药3000～5000倍液喷杀，效果均很好。

（四）柳蓝叶甲

柳蓝叶甲（柳蓝金花虫）（*Plagiodera versicolora* Laicharting）（图7-5），属鞘翅目叶甲科。寄主：垂柳、杨；全国大部分地区都有分布危害。

1. 形态特点

成虫：长3.5～4.5mm，蓝色，椭圆形。鞘翅深蓝色，有明显的金属光泽，密布不规则的细点刻。

卵：长约0.8mm，椭圆形，橙黄色，成堆黏于叶面上。

幼虫：末龄体长约6mm，灰黄色，每体节上生有一定数目的肉质毛瘤。

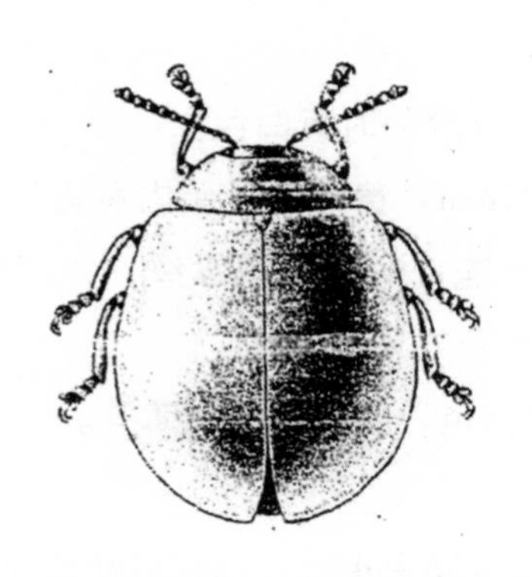

图 7-5　柳蓝金花虫形态特征

2. 生活规律

1 年发生 3 ~4 代，以成虫在地被物或土中越冬。翌春，越冬代成虫开始活动取食，白天活动，栖息于嫩枝上交配产卵。成虫有假死性。卵成块产于背线或叶面上，每次产 1500 多粒。卵期3 ~7 天。幼虫为 4 龄，经 5 ~10 天老熟，以吸盘固着干叶片上化蛹，蛹期 3 ~5 天，发生不整齐。幼虫利用腹部末端的吸盘配合胸足向前爬行，或固定在叶片上。幼虫群集叶面剥食表皮，形成罗网状，对幼苗为害甚重，老熟幼虫腹部末端黏着叶上化蛹。世代重叠，每年 7 ~9 月为害最重，10 月成虫下树越冬。

3. 防治方法

(1) 利用成虫假死性，震落捕杀。

(2) 药剂防治。掌握各代成、幼虫发生期，5 ~9 月用 50% 辛硫磷乳油 1000 ~1500 倍液，或 90% 晶体敌百虫 1000 倍液、菊酯类触杀药剂喷雾于寄主植物上，毒杀成、幼虫。

(五) 杨黄卷叶螟

杨黄卷叶螟(*Botyodes diniasalis* Walker)，鳞翅目螟蛾科。寄主：杨、柳。我国普遍发生。

1. 形态特点

成虫：体长 11 ~13mm，翅展 28 ~30mm，体翅橙黄色。前翅有灰褐色断续的波状纹及斑点，肾形纹黑褐色，其中间为白色，极明显，外缘呈较宽的灰褐色边；后翅中央有一横波状纹，其内侧有一黑斑，外侧有一短线，边缘灰褐色，腹部黄色，雄蛾腹末有一赭毛丛。

卵：扁圆形，乳白色，近孵化时黄白色。

幼虫：末龄体长15～22mm，黄绿色。头内侧近后缘有一黑褐色斑点，往往与胸部两侧的黑褐色斑纹相连，形成一条纵纹；体两侧沿气门各有一条浅黄色纵带。

蛹：长约15mm，浅黄褐色，外被一白色薄茧。

2. *生活规律*

杨黄卷叶螟在江苏省每年发生4代，以初龄幼虫在落叶、地被物中及树皮缝隙间结茧越冬。翌年4月初杨树发芽时幼虫开始活动为害，5月底6月初幼虫先后老熟化蛹，6月上旬羽化成虫。第2代成虫盛发期在7月中旬；第3代在8月中；第4代9月中旬，延续至10月中旬仍可见少数成虫。成虫白天隐蔽于农田、灌木丛中，夜间活动，趋光性极强；卵产于叶背，多在中脉两侧，块状或长条状，黄色，每块50～100余粒。初孵化出的幼虫，分散啃食叶表皮，后吐丝缀嫩叶呈饺子状或在叶缘吐丝将叶缘折叠，在其中取食，幼虫长大后群集顶梢吐丝缀叶取食。多雨季节为害猖獗，3～5日即可把嫩叶吃光，老熟幼虫在卷叶内吐丝结茧化蛹。

3. *防治方法*

(1) 人工摘除群集幼虫的叶包和蛹茧；有条件的地方，可用灯光诱杀成虫。

(2) 卵孵化后施菊酯类触杀剂。

(3) 卵期施放赤眼蜂。

(六) 杨白潜叶蛾

杨白潜叶蛾(*Leucoptera susinella* Herrich-Schaffer)(图7-6)，与杨银潜叶蛾(*Phyllocnistis saligna* Zeiler)很相似，属鳞翅目潜叶蛾科。为害杨、柳属植物，华东地区普遍发生。

1. *形态特点*

成虫：体长约3mm，翅展约7mm，银白色。触角丝状，银白色。前翅近末端有不明显的斜纹2条，末端有一簇蓝黑色鳞毛束，很像孔雀翎。杨白潜叶蛾前翅中央有2条褐色纵纹，其间呈金黄色，前缘角内尖端有1条三角形黑色斑纹。

卵：扁圆形，灰褐色，卵壳表面有网状纹。

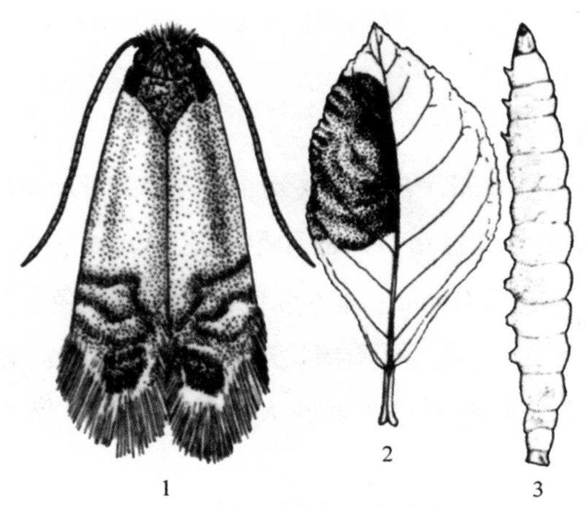

1.成虫　2.幼虫　3.危害状

图 7-6　杨白潜叶蛾形态特征(李成德，2004)

幼虫：末龄体长约6mm，乳白色，体较扁平，足不发达。杨白潜叶蛾幼虫浅黄色。

蛹：褐色，藏于白色的"H"形茧内。杨白潜叶蛾蛹褐色，头顶有一向后方弯曲的褐色钩，腹部末端有一对突起着生于两侧。

2. 生活规律

在江苏省、山东每年发生3代，以蛹在落叶上结茧越冬。各代成虫分别在5月初、7月下旬、8月下旬出现。成虫喜在不老不嫩的叶片上产卵，冬产于主脉或侧脉上，常3～5粒排成一列，1片叶上往往有2～3个卵块，卵块附近叶表突黑；幼虫钻入叶内，钻蛀隧道取食，1片叶内常有5～6头，最多达十几头，隧道逐渐扩大，连成一片，呈棕黑色坏死块斑，后表皮破裂，严重时整个叶片枯焦脱落。

3. 防治方法

幼虫为害期喷40%氧化乐果乳剂1000～5000倍液或菊酯类农药。

三、枝、干害虫

(一)草履蚧

草履蚧(*Drosicha corpulenta* Kuwana)，属同翅目蛛蚧科草履蚧属，此虫可危害杨、柳、槐、樟、橄及桃、梨、柿、枣等多种林木、果树及观赏植物，常大量群栖于嫩枝、幼芽，吸食并诱发煤污病致使植株生长衰弱，芽不能萌发，甚至造成整株死亡。

1. 形态识别(图 7-7)

成虫：雌成虫体长 10mm，背面有皱褶，扁平椭圆形，似草鞋，因称单履蚧。赭色，周缘和腹面淡黄色。触角、口器和足均黑色，体被白色蜡粉。触角 8 节。雄虫体长 5 ~6mm，翅展约 10mm。体紫红色，头胸淡黑色，1 对复眼黑色。前翅淡黑色，有许多伪横脉；后翅为平衡棒，末端有 4 个曲钩。触角黑色，丝状，10 节；第 3 ~9 节各有 2 处收缢形成 3 处膨大，其上各有 1 圈刚毛。腹部末端有 4 根树根状突起。

2. 生活习性

雌蚧 1 年发生 1 代，大多以卵在卵囊内于土中越冬，极个别以 1 龄若虫越冬。越冬卵于翌年 2 月上旬到 3 月上旬孵化。孵化后的若虫仍停留在卵囊内。2 月中旬后，随气温升高，若虫开始出土上树，2 月底达盛期，3 月中旬基本结束。个别年份，冬季气温偏高时，12 月即有若虫孵化，翌年 1 月下旬开始出土。若虫出土后爬上寄主主干，在皮缝内或背风处隐蔽，10：00 ~14：00 时在树的向阳面活动，顺树干爬至嫩枝、幼芽等处固定吸食。初龄若虫行动不活泼，喜在树洞或树杈等处隐蔽群居。若虫于 3 月底 4 月初第 1 次脱皮。4 月中下旬第 2 次蜕皮，雄若虫不再取食，潜伏于树缝皮下或杂草等处，分泌大量蜡丝缠绕化蛹；蛹期 10 天左右，4 月底 5 月上旬羽化为成虫。雄成虫不取食，白天活动量小，傍晚大量活动，飞或爬至树上寻找雌虫交尾，阴天整日活动，寿命 3 天左右，雄虫有趋光性。4 月下旬至 5 月上旬雌若虫第 3 次脱皮后变为雌成虫，并与羽化的雄成

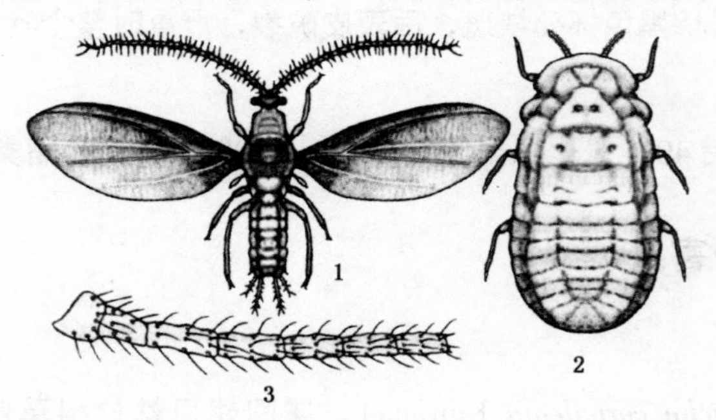

图 7-7　草履蚧形态特征(李成德，2004)

虫交尾。5 月中旬为交尾盛期，雄成虫交尾后死去，雌虫交尾仍吸食为害，至 6 月中下旬开始下树，钻入树干周围石块下、土缝等处，分泌白色绵状卵囊，产卵其中。一般为 100 ~ 180 粒，产卵期 4 ~ 6 天，产卵结束后雌虫体逐渐干瘪死亡。土壤含水量对雌虫产卵亦有影响，极度干燥的表土层使雌虫很快死亡。卵囊初形成时为白色，后转淡黄至土色，卵囊内绵质物亦疏松到消失，所以夏季土中卵囊明显可见，到冬季则不易找到。越冬后孵化的若虫耐饥、耐干燥能力极强。

3. 防治措施

(1) 加强检疫与测报。严禁疫区带虫苗木、原木向非疫区调运。

(2) 人工防治。夏季或冬耕时挖除树冠下土中的白色卵囊，加以销毁。早春用粗布或草把等抹杀树干周围的初孵若虫。具体做法如下：

①涂胶环法。在树干离地面 1m 处，先用刀刮去一圈老粗皮(宽 30cm 左右)，涂上一圈捕虫胶(市售)或黏虫胶(取废机油 1.1kg，石油沥青 1kg，先将废机油加热，充分熬煮后，投入石油沥青溶化后混合均匀或用废机油或柴油 0.5kg 熬煮后，加入压碎的松香 0.5kg，待溶化后，停火即可使用)，一般涂 2 ~ 3 次。

②阻隔毒杀法。在树干离地面 1m 处，刮平老皮，绑扎光滑塑料薄膜或用宽胶带纸做成 20cm 宽的阻隔带，阻止草履蚧若虫爬上树，同时在阻隔带下涂毒环(废齿轮油或废机油 40 份 +2.5% 溴氰菊酯浮油 1 份，搅匀后即可用)或喷洒 8% 氯氰菊酯微胶囊剂绿色威雷 200 ~ 300 倍液。在阻隔带以下的树干或地面可定期喷洒 2.5% 溴氰菊酯 3000 ~ 5000 倍或 80% 敌敌畏乳油 1000 ~ 1200 倍液毒杀。雌虫下树产卵时可在树干周围挖沟放草诱杀，或在树干根茎周围撒毒土毒杀下树雌虫，可用敌百虫 1∶10 细土做成毒土。

③药剂防治。如果若虫已上树危害，对新栽幼树可于 3 月下旬喷洒 20% 吡虫啉可溶性水剂或高效氯氰菊酯类农药 2000 ~ 3000 倍液、50% 倍硫磷乳油、80% 敌敌畏乳油 1000 倍液加 0.1% 洗衣粉、40% 氧化乐果乳油加 0.1% 洗衣粉等。对高大杨树，可用打孔注药法，药剂可用乙酰甲胺磷液剂或 20% 啶虫脒 1 倍液；用量为每厘米胸径用药量 1mL，均取得良好的防治效果。

(二) 玉米螟

玉米螟(*Pyrausta nubilalis* Guenee)，鳞翅目螟蛾科。主要分布在亚洲。主要为害玉米、高粱、小麦、甘蔗等 20 多种农作物。但近几年随着杨树的大面积栽

植于主要农作物区，玉米螟也经常在杨树幼树上为害，造成严重损失。

1. 为害特点

取食嫩叶，钻蛀茎干，形成肿包，使树苗无法长出通直的主干。对苗木质量影响很大，甚至造成死亡。

2. 形态特征

成虫：体长10～13mm，翅展24～35mm，黄褐色。雌蛾前翅鲜黄色，翅基2/3部位有棕色条纹及1条褐色波纹，外侧有黄色锯齿状线，向外有黄色锯齿状斑，再外有黄褐色斑。雄蛾略小，翅色稍深，头、胸、前翅黄色，胸部背面淡黄褐色；前翅内横线暗褐色，波纹状，内侧黄褐色，基部褐色；外横线暗褐色，锯齿状，外侧黄褐色，再向外有褐色带与外缘平行；内横线与外横线之间褐色；缘毛内侧褐色，外侧白色；后翅淡褐色，中央有1条浅色宽带，近外缘有黄褐色带，缘毛内半淡褐，外半白色。

卵：长约1mm，扁椭圆形，鱼鳞状排列成卵块，初产乳白色，半透明，后转黄色，表面具网纹，有光泽。

幼虫：体长约25mm，头和前胸背板深色，体背为淡灰褐色、淡红色或黄色等，第1～8腹节各节有两列毛瘤，前列4个以中间2个较大，圆形，后列2个。

蛹：长14～15mm，黄褐至红褐色，1～7腹节腹面具刺毛两列，臀棘显著，黑褐色。

3. 生活习性

1年发生1～6代，以末代老熟幼虫在作物或野生植物茎秆或穗轴内越冬。翌春即在茎秆内化蛹。成虫羽化后，白天隐藏在作物及杂草间，傍晚飞行，飞翔力强，有趋光性，夜间交配，交配后1～2天产卵，平均每雌蛾产卵400粒左右。幼虫孵化后先群集取食嫩叶，后从叶腋部蛀入，多能形成肿包，易造成风折、早枯等现象。老熟幼虫在蛀道内近孔口处化蛹。

4. 防治方法

(1)进行预测预报。掌握基本虫情，制定预防措施。

(2)林业防治。主要措施：①选用抗虫品种。②处理越冬寄主，压低虫源基数。即在越冬代化蛹前，把主要越冬寄主作物的秸秆处理好。如沤肥、用作饲料、焚烧等，可消灭虫源，减轻下代螟虫为害。

(3)物理防治。提倡利用害虫对环境条件中各种物理因素的行为和生理反应杀灭害虫。大面积推广灯光诱杀、辐射不育等，简便易行，效果好。安装200W或400W高压汞灯，灯距150～200m。灯下设捕虫盆，盆直径1m左右，水深10cm，盆离灯15～20cm，水中加30g左右洗衣粉，傍晚黄昏时开灯，天亮前关灯。在苗不很高、发生不重时人工摘除卵块非常经济有效。

(4)生物防治。主要有2种：一种是综合运用各种方法保护利用自然天敌；另一种是人工繁殖天敌。常见天敌有赤眼蜂、螟虫长距茧蜂、玉米螟追寄蝇、微袍子虫、白僵菌等。使用微生物农药时，要注意附近的桑田区，以免对养蚕造成危害。

(5)利用性信息素防治第1代玉米螟。当越冬代玉米螟化蛹率50%，羽化率10%左右时开始，直到当代成虫发生末期的1个月时间内，挂性诱芯诱杀。

(6)药剂防治。在大发生时，药剂防治是重要的应急措施，把其消灭在造成为害以前。应在玉米螟初孵幼虫孵化后的5天内，还未蛀茎时，及时喷洒敌百虫、有机磷或菊酯类杀虫剂于植物嫩枝叶上。

(三)天牛类

天牛是林木重要的钻蛀类害虫，我国目前严重为害杨树的天牛主要是星天牛(*Anoplophola chinensis* Forster)、光肩星天牛(*Anoplophola glabripennis* Motsch)、黄斑星天牛(*Anoplophora nobilis* Ganglbauer)、桑天牛(粒肩天牛)(*Apriona germari* Hope)、云斑白条天牛(*Batocera harsfieldi* Hope)等。

天牛多为树栖，几乎所有针阔叶树木都有不同程度的受害，天牛主要以其幼虫钻蛀为害林木，大多幼虫最初在枝、干、根部皮层内蛀食，破坏输导组织和生理活动；影响树木正常生长发育，引起树势衰弱，甚至整株死亡。幼虫龄期增大后立即蛀入木质部为害，钻凿坑道，使枝、干易遭受风折、病原菌和其他害虫侵袭，加速树木枯死和木材腐朽，大大降低木材的商品和工艺价值，给林业生产带来巨大的经济损失。有些种类给杨树造成毁灭为害(如对三北防护林造成毁灭性灾害的青杨天牛、光肩星天牛和黄斑星天牛)。因此天牛作为主要为害树干的害虫已越来越引起人们的重视。

1. 形态识别

形态识别特征描述具体见表7-5和图7-8。

表 7-5　4 种天牛成、幼虫形态特征

虫态	部位＼虫名	星天牛	光肩星天牛	桑天牛	云斑天牛
成虫	体色	漆黑色，略带金属光泽	黑色有光泽	黑色，但密被棕黄色或青棕色绒毛而显淡黄色	黑褐色，被稀疏的青棕灰色毛
	前胸背板	中瘤明显，两侧具尖锐粗大的侧刺突	平坦，无中瘤，两侧刺突较细	近方形，有横皱，侧刺突基部有黑色光亮的隆起刻点	中央有 1 对白色绒毛肾形斑
	鞘翅	基部密布粗颗粒，密布白斑	基部光滑无颗粒，密布白斑	基部黑色瘤突颗粒，翅端缝角和缘角成刺状突出	白色绒毛斑呈云片状，成 2～3 纵行。翅端缝角刺状
幼虫	体色	乳白色至淡黄色	乳白色至淡黄色	乳白色至乳黄色	乳白色至乳黄色
	前胸背板	凸字形斑上密布小刻点，前方左右各有一个飞鸟形锈色纹	凸字形斑拐弯处角度较小，中间有一裂缝，无飞鸟纹	凸字形前缘色深，后半部密布赤褐色刻点，有 3 对尖叶状白纹呈放射状排列	横阔，两侧各有一条纵凹，前部密布褐色颗粒，前方近中线处有 2 黄白色小点，其上各生 1 根刺毛

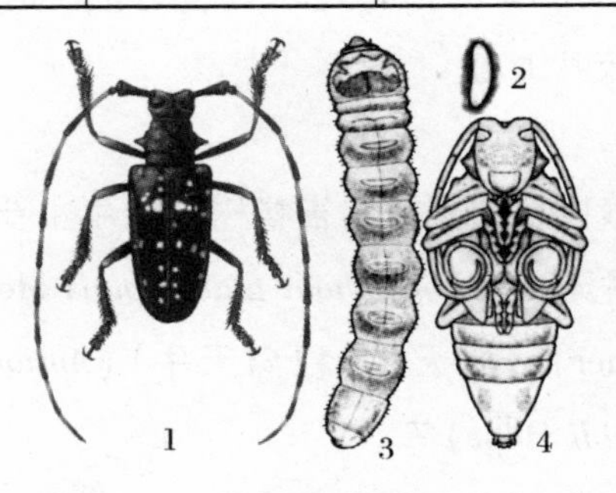

光肩星天牛
1.成虫　2.卵　3.幼虫　4.蛹

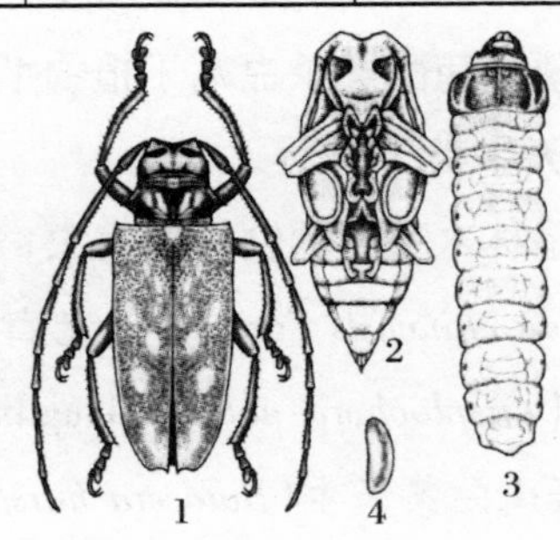

云斑白条天牛
1.成虫　2.蛹　3.幼虫　4.卵

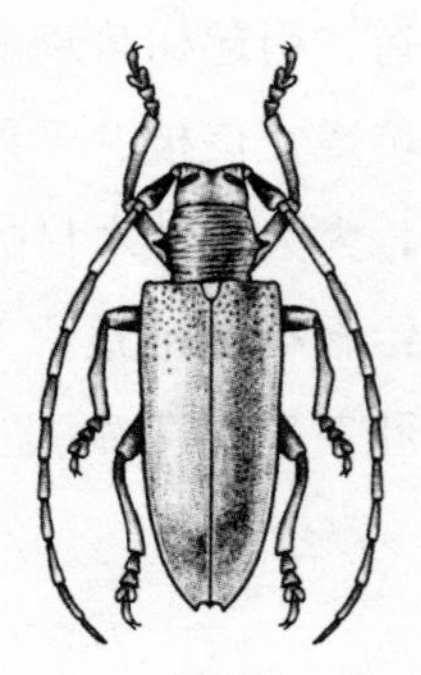
桑天牛

图 7-8　几种天牛形态特征（李成德，2004）

2. 生活习性

天牛生活史的长短依种类而异，即使同一种类在不同地区，世代也有所差异，如星天牛、光肩星天牛在南方1~2年1代，在北方2~3年1代；桑天牛在广东1年1代，在长江流域的江浙一带要2年1代，云斑白条天牛在南方2年1代，在北方要2~3年1代，一般以幼虫在枝干蛀道内或以成虫在蛀道蛹室内越冬。1年1代的(如星天牛)以幼虫越冬；2年1代(如云斑白条天牛)第1年以幼虫越冬，第2年以成虫越冬。

成虫羽化后，向外咬一椭圆形或近圆形的羽化孔，成虫一般在5、6月间出孔，寿命一般不长，10多天至1、2个月不等；成虫出孔后，一般需要进行补充营养，食害树叶、幼枝、嫩树皮以及其特定的嗜食植物，如光肩星天牛嗜食糖槭、桑天牛嗜食桑科植物、云斑白条天牛则嗜食蔷薇科植物等。多数种类雌虫产卵时，先在树皮上咬一刻槽，然后把卵产于其中，卵多为单产。雌虫产卵量不大，少则几十粒，多则百余粒。

初孵幼虫大多先在树皮下蛀食一定时间后，再蛀入木质部为害；幼虫在木质部蛀成各种形状的坑道，或上或下，或左或右，或直或弯曲的，因种而异，还有些种类(如桑天牛)幼虫在枝干内蛀食时，隔一定距离在树皮上开口作为排粪孔(又名通气孔)。幼虫在树皮下蛀食时，排出的木屑为褐色，而在木质部取食时，排出的木屑为白色。有时在被害处还有树汁流出。这些都是树木被害的明显标志。老熟幼虫在坑道末端咬筑蛹室，以木屑堵塞两端，化蛹其中。

3. 防治措施

(1)选栽抗虫杨树，改变林相结构与功能。在造林设计上，可用主栽、辅栽树种、引诱树、驱避树及隔离林带等不同功能的林分搭配，确保优良主栽树种速生、丰产、优质。

(2)改变防治观念。天牛类害虫具有个体大、体壁硬、生活隐蔽、成虫出孔期长、防治难度大特点。故必须改变以往让天牛幼虫蛀入枝干木质部后的被动防治为天牛蛀入前的主动防治，即要着眼于杀其成虫、卵和蛀入前的小幼虫。幼虫蛀入木质部后，即便将其杀死，其对木材造成的损害已不可挽回。

(3)利用天牛出孔成虫大多有补充营养的习性杀治。诱杀：可在造林设计时，根据不同种类天牛成虫补充营养习性，有目的地设置(种植)一定数量天牛

补充营养嗜食的寄主植物。如桑天牛成虫必须以桑科树木枝皮补充营养，光肩星天牛成虫喜欢取食糖槭树的枝皮；云斑白条天牛成虫以蔷薇科植物为补充营养。引诱其成虫来取食时捕杀。清除：在林缘或林内彻底清理天牛成虫必须取食的补充营养植物，使成虫出孔后得不到补充营养或食料不足，降低其生存和繁殖能力。在天牛成虫嗜食的补充营养植物上喷施触杀或胃毒剂让其爬触或取食死亡。

(4)使天牛"断子绝孙"。在天牛成虫喜欢取食的补充营养植物上，喷施无驱避作用的灭幼脲、印楝素、生物碱等生长繁殖抑制剂，扰乱其生殖机能，成虫取食后导致其产卵量明显下降，产下的卵不能孵化，或孵化幼虫死亡率高，逐代降低其种群密度。

(5)触杀。利用天牛成虫出孔后在树干上爬行、寻找产卵部位和咬刻槽的习性，在杨树枝干上喷施效期1~2个月的新型触破式微胶囊剂——绿色威雷200~300倍液，让成虫爬踩"地雷"致死。

(6)灭卵和未蛀入的小幼虫。天牛产卵刻槽明显，在其产卵期，可用小锤子击杀或用敌敌畏、倍硫磷、敌杀死等药剂加少量柴油(或煤油)点喷或涂刷刻槽，可渗入皮内毒杀其卵和初孵幼虫。

(7)保护和利用天敌，大力开展生物防治。对已蛀入木质部的幼虫，可保护和招引啄木鸟，人工繁殖释放肿腿蜂、花绒坚甲等天敌捕杀，也有一定的抑制作用。

(8)药杀幼虫。对蛀入木质部内幼虫，也可用磷化锌毒签、磷化铝片塞入孔内，封口毒杀或孔内注药及用药棉堵孔等方法毒杀。但此法费工费时，且树的上部枝干无法进行。小幼虫在树皮内蛀食时期，可在树干上打孔注入乙酰甲胺磷或阿维菌素等内吸药剂毒杀。

(四) 白杨透翅蛾

白杨透翅蛾(*Paranthrene tabaniformis* Roottenberg)，属鳞翅目透明蛾科。主要为害杨、柳。国内部分地区发生较重。

1. 形态特点(图7-9)

成虫：体长11~21mm，翅展22~39mm，体青黑色，形似胡蜂；头、胸间有橙黄色鳞片；前翅窄长，复以赭色鳞片，基部及中央透明，后翅透明；腹部圆筒形，布满青黑色鳞片，环绕腹部有5条橙黄色横带。

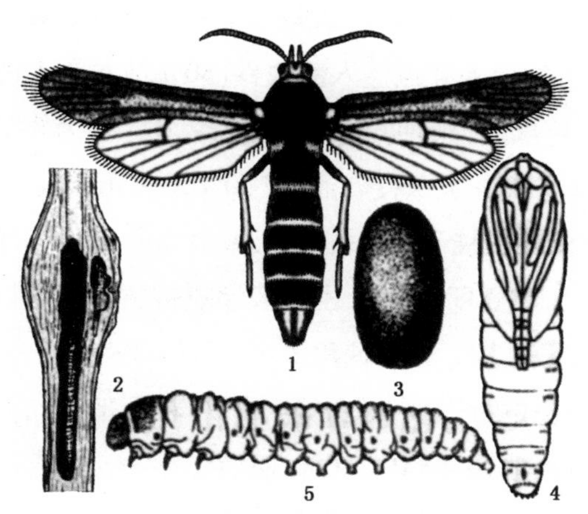

1.成虫 2.危害状 3.茧 4.蛹 5.幼虫

图 7-9 白杨透翅蛾形态待征(李成德，2004)

卵：椭圆形，黑色。

幼虫：末龄体长 30 ~ 33mm，圆筒形，头黄褐色，腹部乳白色，第 8 节气门较大而偏上。

蛹：褐色，纺锤形，腹部 2 ~ 7 节背面各有横列的刺两排，腹末有 14 根大小不等的臀棘。

2. 生物学特性

白杨透翅蛾在江苏省每年发生 1 代，以幼虫在枝干内越冬。翌年 4 月开始取食，5 月上旬化蛹，5 月中旬羽化成虫，成虫期很长，可延续至 7 月。羽化前蛹体大半脱出羽化孔，羽化后蛹壳留在原处。成虫喜光，飞翔能力强，多在中午活动，多于有茸毛的枝干上产卵，特别是毛白杨、银白杨。卵多产在叶柄基部、叶腋、伤口、树皮缝、旧虫孔等处。孵化后的幼虫蛀入嫩芽时，常导致芽枯萎凋落；蛀入枝干时沿韧皮部成圈咬食，形成肿包，树干细时易折断，粗时蛀入木质部，在髓部蛀成纵行隧道，虫粪木屑排出蛀孔外，幼虫老熟后在肿疣上部 4cm 处化蛹，约经 20 天羽化为成虫。

3. 防治方法

(1)做好苗木检疫，把好起苗、割条、过数三关和苗本调入后剪条、插条、栽苗三关，及时剪除有虫枝并烧掉，防止传播蔓延。

(2)卵孵化盛期，每2～3周喷一次触杀类药剂，如氯氰菊酯等。

(3)幼虫蛀入后可往侵入孔点注入敌敌畏(80%敌敌畏1两加水2.5kg)、敌百虫等药杀灭幼虫。或用煤油(柴油)与敌敌畏混合液涂刷为害处的树干。一般按照1～1.5kg煤油加入50克80%敌敌畏乳油(或50%氧化乐果乳油)比例配置药剂，将配制的药剂拌匀后，涂刷在枝干表皮失去光泽、水肿、流液、有粪孔等被害处。若发现枝干上有新虫粪，应立即使用上述药液涂刷被害处，可以很快杀死里面的幼虫。一般每隔10天涂刷1次，连续使用2次就可以取得良好的杀虫效果。

(4)刮皮喷药。在成虫产卵和幼虫孵化期对树干基部的老树皮刮除销毁，同时喷药杀灭保护，如敌敌畏4000～5000倍液。根据成虫期长短确定喷药次数，一般半月左右喷1次即可起到很好的保护作用。

(5)刮皮涂白。冬季进行刮皮，然后涂刷白涂剂，可以防治越冬幼虫，还可防治冻害。最常用的白涂剂配方：生石灰5kg+石硫合剂原液0.5kg+盐0.5kg+动物油0.1kg+水20kg。先将生石灰和盐分别用热水化开，然后将其混合，搅拌充分，再加上动物油和石硫合剂即可。

(6)加强林间管理。增强树势，避免机械损伤，出现伤口及时包扎处理。结合修剪剪除带虫枝并销毁。

后记

《造林学讲义》和《杨树栽培》这两本书的整个出版工作是中国工程院院士曹福亮先生亲自组织落实的，我主要负责文字整理、修改及与出版社联系等具体工作。《杨树栽培》是吕老师自20世纪70年代至90年代在杨树栽培方面研究成果展示。根据吕老师爱人周丽卿介绍，吕老师为了把杨树栽培技术整理成册给后生留个纪念，忍着病魔的折磨，坚持到生命最后一息，完成了《杨树栽培》的撰写。

吕老师的《杨树栽培》有一部分内容是手写的纸质稿，由于年久，有的页面残缺，字迹不清，在校对过程中只能反复研读、反复推敲，给予补充。由于本人水平有限，难免会有错漏之处，敬请读者批评指正。

《造林学讲义》和《杨树栽培》这两本书的出版，是向吕老师诞生90周年献上的最好的贺礼。作为吕老师的学生，我能亲自负责吕老师的两部著作的整理、文字和图表的修改，以及出版的相关工作感到由衷的欣慰。另，此书的出版还得到了吕老师家人、相关老师和中国林业出版社的支持，特别是曹福亮院士亲自作序，在此一并表示感谢！

梁礼才

2019年4月